U0384188

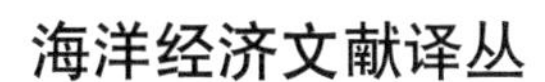

21世纪韩国海洋强国展望

[韩]姜淙熙 著　李承子 林瑛 黄林花 金桂花 译

吴荣华 审校

上海译文出版社

目 录

第一部

海洋强国梦

走向海洋强国之路

开启海洋经济时代

岛屿开发规划

关注健康快乐的生活

走向海洋强国之路

地球总面积的三分之二以上是海洋，其面积达3.6亿平方公里。海洋中蕴藏着无限的矿产资源，80%的地球生物生活在其中。每年有50多亿吨货物通过海洋运往世界各地，占世界总交易量的75%。欧美发达国家早早进军海洋，掌握了海权，成为今天的世界强国。相反，东方国家深受大陆文化的影响，尽可能地疏远大海，结果在以欧美为中心的世界秩序中处于被动地位。韩国作为东方国家同样受到大陆文化的影响，未能认识到海洋的重要性。相比之下，日本却早早地迈向大海，确保了海权，并凭借这一力量给韩国带来沉痛的殖民统治的教训。

1994年11月16日开始生效的《联合国海洋法公约》（UN Convention on the Law of the Sea—UNCLOS）再次重申进军海洋的重要性。这一公约阐明一个道理：任何一个没有掌握海权的国家都将无法实现繁荣强盛之梦。过去，海权不仅意味着强大的海军实力，而且还意味着殖民统治和本国船队的拥有量等海上活动能力。现今的海权与过去没有太大的区别，只是随着科学技术的发展，海洋活动越来越活跃，各国间为确保海权的争夺战比以往更加激烈。尤其对国土面积狭小、自然资源有限的韩国来讲，确保海权是国家新的生存战略。毋庸置疑，韩国要生存必须走上海洋强国之路。

海权和21世纪海洋强国的意义

19世纪末，美国的海军历史学家艾尔弗雷德·塞耶·马汉上校（Captain Alfred Thayer Mahan，1840－1914）在其著作《海权对历史的影响》（The Influence of Sea Power Upon History 1660－1783）中首次提及海权（Sea Power）一词。马汉上校曾经在美国海军学院讲授过海军战略和海军史。他在著作中分析，英国的强盛跟其对海洋的支配能力密不可分，并认为一个国家的兴衰与所掌握的海权有着直接关系。不过他在书中没有具体说明什么是海权，只是通过众多史例强调海上通道的重要性。因此我们只能通过马汉所举的事例来判断海权的内涵。关于这一问题，1982年撰写《海权的世界史》的东京学艺大学的青木荣一教授对马汉的观点进行了如下概括：

“海权是一个国家综合国力的表现形式，是指不管战时还是平时能够保障本国船只在规定海域自由从事海运、贸易等海上活动的权力，同时又是抵御敌对国入侵本国领海的军事力量。”也就是说，所谓海权就是以军事和贸易为目的保障本国船只在规定海域自由通行的一种权力。当然，这种权力的形成并非只靠军事实力，还要通过外交、经济等手段来保障所需海域的自由航行权。不过，这种解释并没有充分说明马汉所指的海权。比如，马汉认为一个国家的海权取决于地理位置、自然环境、领土大小、人口数量、国民的共识以及政府的意志等因素。简言之，海权取决于一个国家的自然地理环境和民众、政府对大海的重视度。这就是说，马汉所指的海权不是简单的航海权力，而是各种航海条件、政府对海洋活动的重视以及通过航海获取财富的欲望。因此，海权实际上就是获取财富的一种手段。正因为如此，在不同时代，海权所呈现的海洋活动也各不相同。

在军舰和商船还没得到独立发展的中世纪，海盗活动就是代表海权的重要海洋活动。16 世纪后期，在英国、荷兰、法国等强国的影响下，海盗活动尤为活跃。这个时期，海盗活动在评价一个国家的海权中发挥巨大的影响力。之后，随着火炮的问世和造船技术的发展，出现了“海军”这股新的海上武装力量。

于是，欧洲各国为确保海上战斗力而疯狂制造有别于商船的军舰。到 17 世纪，一个国家海权由军舰的拥有量和火炮的性能决定。1789 年，尼尔逊舰队司令（Horatio Nelson,

1758－1805）带领的英国舰队在尼罗河海域击败法国舰队后逐步开启了不列颠治世（Pax Britannica）时代。从此，英国海军标榜天下无敌，陆续占领法国的海外殖民地，积累了国家财富。西印度群岛、南非、印度、锡兰（斯里兰卡的旧称）、东印度群岛等都被英国占领。随着1815年拿破仑帝国的灭亡，席卷欧洲的海战才告一段落。

之后，直到20世纪初爆发第一次世界大战前为止，几乎没发生过大规模争夺海权的战争。相对和平的海上环境拉动了海上贸易的快速发展，商船成为海上活动的主角。这一时期恰逢重商主义盛行，各国为了创造国家财富，竞相促进国际贸易，纷纷致力于确保和维护本国商船的海上活动。于是，海运能力成为海权的重要标志，海军的作用主要体现在保护好本国商船的活动上。经过两次世界大战以及之后美、苏冷战的影响，这一海军角色发生逆转，海上武装对峙一直延续到20世纪末。20世纪末，随着《联合国海洋法公约》的生效，出现了决定海权的新因素。

一个时代的海权往往取决于以获取财富为目的的海上活动。过去主要的海上活动有① 鉴于本国资源的匮乏，与他国进行的贸易活动；② 殖民地的夺取活动；③ 殖民地之间的贸易活动；④ 交通要塞上的商贸活动；⑤ 进出口贸易；⑥ 武装侵略和掠夺。其中，除了依靠武力来进行的②和⑥之外，其余活动都由海运能力来支撑。由此可见，过去的海权就是指海运能力或者海军实力。

不过，随着战后科学技术的快速发展和沿岸地区经济活动的增加以及《联合国海洋法公约》的生效，大大扩大了海洋活动的领域。基因工程、新材料的开发、航空航天技术的发展都促进了海洋科学技术的发展，让人们能更轻松地从事海洋开发活动，开辟新的海洋活动。不仅如此，由产业化发展所带动的临海工业园地的扩大、海洋休闲产业的发展、港湾开发以及水产养殖业的开发等活动都大幅增加了沿岸海域的海洋活动。未来的主要海洋活动将由因这些海洋环境的变化应运而生的《联合国海洋法公约》来制约。

众所周知，《联合国海洋法公约》作为有关海洋的大宪章，具有广泛的法律体系。该公约由320项条款、9个附件和4项决议书构成，主要包括① 国家和国际组织；② 海洋的重组；③ 海洋活动；④ 应对措施；⑤ 和平和正义的保障措施等5个方面的内容。其中，与海洋力量有密切关联的领域是②和③，即海洋重组和海洋活动。

首先看一下有关海洋重组的内容。《公约》对海域的区分由过去的领海和公海的二元区分法更改为领海（12海里）、专属经济区（200海里）和公海的三元区分法，并且把海洋细分为内水、港湾、领海、临接海域、海峡、群岛水域、岛屿、大陆架、专属经济区、公海、深海等。在此基础上，具体制定了有关各海域管辖权的各种规定。由此，地图上开始出现了前所未有的沿海国海洋管辖区，各国间不可避免地开始上演为扩大各自海洋资源和海洋经济活动领域的激烈竞争。过去作为交通航行通道的海洋，如今已演变成进行经济活动的大舞台。为此，《联合国海洋法公约》把海洋活动细分为海运、捕捞、海上飞行、海洋科学调查、海底资源开发、人工岛建设和结构物设置、海底光缆设置、废物的海洋弃置、海洋的军事利用等内容。这说明，这些活动将成为决定海权的重要因素。因此，今后除了海运能力和海军实力外，为国家创造各种财富的丰富的海洋活动也将成为决定各国海权的重要因素。

总之，21 世纪海洋强国的内涵与之前马汉所提及的海权内涵可谓是一脉相通。也就是说，想成为海洋强国，首先要具备迈向海洋的各种有利条件以及民众和政府积极利用这些条件进行海洋活动的强烈意愿。当各种海洋活动带来相对巨大的国家财富时，这个国家才可以称得上海洋强国。

展望海洋强国

韩国能否成为 21 世纪的海洋强国？关于这一问题，可以从韩国走向海洋强国之路的必要性和成为海洋强国的潜力两方面寻找答案。

首先，从必要性角度分析一下。无论从所处的地理位置，还是从国家经济结构的局限性来看，韩国都不得不走海洋强国之路。众所周知，韩国是半岛国家，国土狭小，资源严重匮乏。由于可利用土地的有限性，韩国不可避免地面临海洋开发和海洋利用问题。一般来说，对外依赖型的国家经济发展战略必定迫使它走向大海。东北亚是世界各强国争权夺利的敏感地带，而韩国恰好处在海洋势力和大陆势力相冲突的这个敏感地带的中心。这就不能不使韩国以海权谋求生存，以海权求得发展。

另外，从潜力角度而言，韩国的海洋强国梦极具发展可能性。值得肯定的最重要的一点就是，韩国三面环海，海洋面积广阔。除了这些自然条件外，韩国国内持续增多的海洋活动也是它走向海洋强国之路的优势。近些年的主要海洋活动有：

——水产：捕捞业，养殖业，水产加工业

——港湾：港湾建设，港湾装卸，入港物流

——海运：海上运输，海运代理，船舶租赁，船舶管理，渡船，给油给水，通船，船上用品供给，船食供给，验收，点验，驳船，保险及信息

——造船：船舶建造，船舶保养，造船器材

——海洋：海洋科学，海洋旅游，海洋环境，海洋构造物，海洋探测

不过，韩国民众和政府并不重视海洋问题，这种态度将成为韩国走向海洋强国之路的一个绊脚石。暂且不论韩国民众的意识觉悟，政府的消极态度就给海洋强国梦蒙上了阴影。作为海洋问题的实际主管部门，海洋水产部在政府部门中位列最下

端，并且还时时担心自己的去留问题，海洋水产部的预算还不及国家总预算的3%。仅从这一现象可以看出韩国政府是如何看待海洋问题的。

建设海洋强国所面临的课题

韩国要走海洋强国的发展道路，不是选择而是必由之路。在全球范围内韩国所扮演的角色早已暗示了这一趋势。

韩国的海洋实力居世界前十位，海运和造船能力分别居世界第五和第一。尤其在造船领域，韩国拥有世界最先进的技术，造船数量世界第一；韩国拥有总吨位为2 500万总吨的船舶，居世界第八；海上物流量每年达6亿吨，位居世界第五。在水产领域，韩国的水产生产量和交易量齐居世界前十位。不过，韩国目前的海洋开发能力和海军实力仅仅是中等发达国家的水平，有必要加大对这些领域的投资。

另一方面，虽然拥有前面所讲的那些成就，但无论是韩国人还是外国人，都并不认为韩国已经是海洋强国。这是因为比起西方海洋强国，韩国仍存在阻碍海洋发展的诸多因素。这些阻碍因素可归纳为如下几点：

——以陆地为中心的封闭的、停滞的国土经营理念

——海洋相关产业竞争力薄弱

——缺乏海洋资源的合理利用和保护机制

——海洋行政的脆弱性以及全民关注度不足

因此，韩国要发展为海洋强国，就必须消除以上阻碍因素。这就要求韩国海洋管理部门急需解决当前与海洋有关的课题。

当前韩国的海洋领域面临的最重要的任务是改善进军海洋的条件。阻碍进军海洋的因素很多，但首先要解决的是行政限制和与海洋有关的 SOC 的不足。虽然政府一直努力不断进行改革，但是海洋领域的业务由好几个行政机关管理，事实上还是受到不少的限制。尤其是海洋 SOC，一直被陆地管辖的优先权约束，投资业绩相对低落。除此之外，有必要制定海洋领域的公平交易秩序，抓紧确定与周边国家的海洋经济秩序，以此来改善涉足海洋的各种条件。积极加入与海洋相关的国际机构，向国际社会表明韩国的立场，也是改善进军海洋条件的必要活动。

其次要加大海洋开发的力度。除了海运和造船外，韩国的海洋开发大体上处在中等发达国家的水平。海洋开发不活跃，是由于海洋科学技术水平不高和相关产业的分散性所导致的。要克服这一缺陷，需要高度重视海洋开发，加大对海洋科学技术领域的国家投资力度，并且积极进行海外招商引资活动，实现海洋产业效益的最大化。

再次，要提高民众和政府对海洋的关注度。一直以来，政府和海洋业界为提高对海洋开发的关注度付出了很大努力，但是仅凭海洋水产部的努力还不够，要解决这一问题，还需加强全民宣传的力度。

走向海洋强国之路

走向海洋强国之路并非一帆风顺。这是因为，前面所提及的课题并不是一朝一夕能够得以解决的。不过，成为海洋强国并不是不可能实现的梦想，提出这些课题只是为了再次提醒民众和政府重视海洋问题。可以参考美国的海洋政策委员会编制的“21世纪的海洋蓝图（An Ocean Blueprint for the 21st Century)”中数量庞大的海洋开发相关报告书。这些报告书就是美国民众和政府高度关注海洋的见证。美国的这些报告书与韩国政府所编制的《海洋水产发展基本规划》（又称 Ocean Korea 21）形成鲜明的对比。前者既实际又具体，相比之下，韩国的基本规划是流于表面形式的、口号性的。时至今日，韩国也要把目光转向世界，重新认识海洋，开启通往海洋强国的新路程。

开启海洋经济时代

如今海洋已成为世界各国的热点话题。对韩国来讲，海洋话题不只是一个热点话题。朝鲜半岛接邻中国，这样的地理位置不允许韩国举棋不定，犹豫不决。事实上，韩国比任何国家都切身感受到中国的发展变化，中国已成为吸引韩国乃至全世界眼球的关注点。与朝鲜半岛毗邻的俄罗斯的发展速度也超出人们的想象。因此，如果韩国还不觉醒、还不改变现状，不久的将来它会被东北亚巨大的经济圈湮没，变成一座经济孤岛。

海洋产业的就业空间

韩国政府一直致力于解决就业问题。经过深思熟虑，政府加大了对信息和生命工程技术等高新产业的投资力度。显然这是利用高新技术和知识产业来拉动韩国经济的战略手段，也是针对中国的快速发展而采取的战略举措。目前，这一战略举措取得了一定的预期效果。但在中国快速发展的现状下，这种战略能否持久并有效，仍是个未知数。有些人认为韩国和中国之间的高端产业的技术差距仅为3～4年，最长也不超过10年。韩国有必要站在长远的角度，重新制定新的生存战略，而海洋经济的发展战略就是其中的一个举措。这样的战略举措在与韩国处境相似的一些国家中已取得成效，值得关注。

希腊就是历史上与韩国处境相似的国家之一。从古代开始，希腊一直被包围在周边强大的国家中间，不过正是因为拥有海洋，它得以继续维持独立国家的地位，而且还创造了灿烂的文化。它是目前世界船舶拥有量最多的国家，这并非偶然。在近代历史中，荷兰、新加坡、中国香港地区的成功事例也与希腊类似。这些国家或地区靠海洋一一成功加入世界富国或富裕地区的行列中。就荷兰和新加坡来看，国民经济的30%依靠海洋产业。中国香港地区也是依靠发达的海运和港湾产业，成功积累了如今的财富。那么，韩国的情况如何?

事实上，韩国的海洋产业在国民经济中所占的比重并不小。20世纪90年代后期，海洋产业直接或间接产值超过50兆韩元，接近GNP的10%。从事海洋领域相关工作的人员也超过100万，占据了总就业人数的5%以上。与前面所提及的荷兰和新加坡相比，虽然这些数值还是显得非常渺小，但它足以证明韩国海洋产业的巨大发展潜力，值得肯定。

韩国的科学技术已达到可以先行海洋开发的水平，世界最强的韩国造船技术足以证明这一点。韩国所拥有的信息技术、基因工程技术、新材料技术等也可以轻而易举地与海洋产业接轨。因此，在海洋领域韩国完全可以走在中国的前面。对海洋旅游和海洋休闲产业、海洋构造物、海洋器材、新药开发、高新海上运输体系、港口物流、海洋养殖场、流通加工等丰富多样的海洋产业的投资越快，韩国抢先的概率也就越高。这些都是立足于国内的产业，由此而产生的就业岗位数也很多。所以韩国应该将其作为国家的战略举措，先行推进海洋领域新的产业活动，并把它的吸引力最大化，这就要求国家财政提前进行对海洋产业的前期投资工作。

需要加强财政倾斜力度

然而，目前韩国政府对海洋领域的投资力度还非常小。本年度的国家预算中，海洋水产部的预算资金勉强超过 3 兆韩元，只占总预算额的 2.3％。并且，这一资金中的 50％是用于港湾建设，投入到有关海洋领域新产业的资金并不多。因此，总的来说，韩国要开启海洋经济时代，必须采取对海洋产业的倾斜政策。可以说这是韩国在东北亚巨大经济圈中能够生存下去的唯一出路。

岛屿开发规划

岛屿是开发海洋经济的希望。作为海洋产业的据点，开发岛屿不仅可以为韩国的国家经济服务，而且还可以为东北亚的和平做贡献。韩日争议的独岛（日本称竹岛）问题充分说明这一点。

据韩国行政部署2000年发行的《全国岛屿现状》调查报告所述，韩国拥有3 170座岛屿，可谓是多岛屿国家。然而，遗憾的是韩国国民并不觉得韩国是多岛屿国家。导致这种偏差的最重要的原因在于过去以大陆为中心的思维方式。受到陆地中心的产业化进程和城市发展影响，岛屿越来越远离民众的生活。在韩国，常住岛屿的人口数急速下降、出现越来越多的无人岛现象，与这种产业化和城市发展方式有关。

如何应对“空岛化”现象

据统计，2000 年韩国的无人岛屿为 2 679 座，占岛屿总数的 85%，其余的 491 座岛上居住着 87 万人口。有人居住的岛屿中，48 座岛屿通过桥梁与陆地相连，可以说不是纯粹意义上的岛。因此，有人居住的岛屿从严格意义上说只有 443 座，常住人口只有 20 万左右，且呈持续减少的趋势。

快速发展的“空岛化”现象，促使韩国政府不得不反思韩国的岛屿政策。通过国家行政主管部门制定的《岛屿开发促进法》，我们可以大致了解韩国的岛屿政策。依据这一法律，韩国的岛屿政策以提高岛屿居民的收入水平和福利待遇为目的，即通过改善岛屿的生产环境以及整顿并加大生活基础设施的配备等措施，达到改善岛屿的生活环境的目的。不过在恶劣的交通条件下，连这种狭义的开发政策也很难得以实施。因此有必要参考其他国家岛屿开发工程的经验，改变有关岛屿开发的政策思路。

阿拉伯联合酋长国在离迪拜海岸 4 千米的 Gulf 海上进行的人工岛建设计划值得我们关注。被称为全球项目的这一工程计划投资 140 亿美元，到 2008 年建设一座由 300 个岛屿构成的世界地图形人工岛，其目的只有一个，就是搞活岛屿经济，促进经济发展。暂且不去考虑这些人工岛效应，只看夏威夷和加勒比海以及地中海海岸岛屿，它们的海洋经济活动规模已经非常庞大。此外，分散在东南亚地区的岛屿的海洋经济活动也呈逐渐升高的趋势。

要切实认识到东北亚海洋据点的重要性

相比之下，韩国虽然拥有很多天然岛屿，但除济州岛外几乎没有利用岛屿的经济活动。要打破这一局面，必须改变现有的岛屿政策。也就是说，必须从为了防止空岛化现象而制定的狭义的开发政策中摆脱出来，出台以建设东北亚海洋产业据点为目的的广义的岛屿开发政策。作为这一政策转换的保障，有必要把岛屿开发的主管权统一集中到海洋水产部。海洋水产部要设计好岛屿开发蓝图，让韩国的岛屿开发不仅为韩国的发展服务，而且要让它成为繁荣东北亚海洋经济活动的希望之火。

关注健康快乐的生活

well-being（健康快乐生活）已成为人们高度关注的社会话题。报纸上连篇累牍地宣传健康生活，广播媒体也不甘示弱，争相提供 well-being 的各种相关信息。不过，政府部门却一直没有作出任何表态。也许政府认为 well-being 并不属于国家层面的问题，而是关乎私人生活品质的个案。也许是受到政府这种消极态度的影响，学界也同样不怎么重视 well-being 问题。当然，这个话题与升官发财并不相干，因此缺乏关注是意料之中的。只是从中看到商机的企业界做出积极反应，争取掌控 well-being 热潮的发展趋势。于是，韩国国内的 well-being 潮流，透着浓浓的商业气息。

追求健康生活

正如人们所熟知，作为新的生活理念，well-being 所追求的是一种身体和心灵有机结合的境界，创造富足而美好的健康生活。追求 well-being 式生活理念的人群叫作“乐活族”（well-being 族）。比起物质价值和名誉，乐活族更看重身心健康。人们的温饱问题得到满足，物质生活变得极为富足，使得乐活族应运而生。物质生活的富足引起以下两种社会问题：一种是寿命延长所带来的高龄化社会问题；另一种是营养过剩和运动不足所导致的肥胖问题。高龄化社会导致经济人口减少，增加年轻一代的赡养负担，并且老龄人口的增加会导致健康和保健领域的福利性社会费用的增加。肥胖问题也早已成为社会问题。2003 年 5 月，在芬兰首都赫尔辛基举办的第 12 次欧洲肥胖问题学术会议，把肥胖症纳入到比传染病还可怕的疾病范畴。发达国家之所以早早关注 well-being 的生活理念，也正是因为看清了这一高龄化社会问题和肥胖问题。

温饱问题在韩国也已经得到解决。像发达国家一样，韩国社会也正步入出生率低、老年人口增多的高龄化社会。韩国也同样深受公害、污染等环境问题的困扰。因此为了减少花在解决这些问题上的社会公共费用，政府的主导作用是不可或缺的。那么，要解决这一问题，政府的作用是什么？答案只有一个，那就是大力发展海洋经济。也就是说希望由政府牵头带领，把 well-being 热潮引向亲海洋产业的发展领域上。

与韩国不同，在发达国家大海既是巨大的休养地，又是 well-being 产业现场。美丽的游艇船坞和海上主题公园为现代人提供了休闲空间。最近在日本流行的海水浴和海水温泉也是大海带给人类的另一种休闲活动。魅力十足的游艇和海上滑水、海钓、海边慢跑……作为巨大的野外运动俱乐部，大海正散发着其独特的魅力。

大海拥有丰富而新鲜的海产品

大海所提供的营养也不可忽视。仅次于有机蔬菜的各种海藻类，还有海洋养殖场生产的新鲜的海产品，这些都切合了乐活族的饮食需求。曾经轰动一时的海洋深层水也是与亲海洋 well-being 有关的新型产物。除此之外，海洋类医药品和化妆品的开发，也改变了乐活族的健康意识和美容意识。

亲海洋 well-being 产业的最大优点在于减少了对大自然的破坏和污染物的排放。亲海洋产业还可以节省投资。尤其是由政府主导亲海洋 well-being 产业的发展，其受益面更加广泛，其投资效应会达到最大化。

在韩国，well-being 热潮成了无法抗拒的趋势。这就意味着 well-being 已不是个人行为，已成为国家层面要解决的当务之急。事不宜迟，政府应出面引导这一热潮向亲海洋 well-being 产业方向发展。

第二部
物流中心战略

有别于新加坡的东北亚中心战略

港湾建设是海洋的衍生需求

物流中心化悖论

扩大物流中心化外延

实施物流中心化战略，首先要完善海运法

物流中心国家和海运条件优越的国家

有别于新加坡的东北亚中心战略

韩国中长期国家发展规划，是政府为了国家的百年大计重点推进的国家核心战略。不过，即便是经过选择和集中的方式所制定的国家大计，最近也要面对来自国内外的各种批评之声。

开放全国为自由贸易区，有悖于韩国现实

2005年4月初，驻韩法国欧洲联合（EU）工商会议所哈弗辛科会长在首尔新罗宾馆举办的有关2005年贸易壁垒报告书主题的记者恳谈会中说，目前韩国没有真正意义上的未来型国家经济项目。他对韩国政府积极推进的东北亚中心战略进行了严厉的批评，说如果韩国政府不推行全国性自由贸易区政

策，这个战略只是个权宜之举而已。其根据就是，单靠零星开放的几个经济自由区，无法改变巨额海外资本流入中国的现状。

有关东北亚中心战略的批评之声不只是来自哈弗辛科会长一人。主张英语通用化的相当数量的韩国评论员们也对局部的开放体制持批评态度。

还有，没被纳入到港湾开发区和自由贸易区或经济自由区的地方团体和地区居民，也对只限定在几个特定区域的东北亚中心战略持反感情绪。他们跟哈弗辛科会长一样，都主张像新加坡一样，韩国也应该把整个国家开放为自由贸易区。国外的大多数观点也是这种立场。但不管从哪个角度讲，这种观点都背离了韩国的实情。

土地所有权分布的不均以及由此所获取的高额资本增值利益等问题，是把整个国家开放为自由贸易区的最大障碍。据最新资料统计，拥有土地所有权的人群中，前10%的人拥有的土地面积达总面积的72%，并且从1999年之后的5年间，通过土地价格的增长所获取的资本增值利益多达265兆韩元。如果土地占有均等，就不会出现这种现象。因此，只要土地所有权不均等问题继续存在，就不可避免地出现地价上涨现象，全国性自由贸易区建设也就无从谈起。

其次，新加坡式的发展道路在韩国行不通。众所周知，韩国的经济规模居世界前10位，人口规模也不小。虽然国土面积不大，但各区域间的产业活动丰富多样，相应的文化特点也很明显。因此，把用统一的秩序和制度来管理的自由贸易区政策扩大到全国范围是不可取的做法。比如，自由贸易区一般不考虑国家功臣和残疾人等特殊人群的义务雇佣制度。这种做法不可能被目前的韩国社会所接受，更不可能得以实施。可派遣劳动力的工种、延长期限等劳务限制政策也无法在全国范围内实施。韩国人口规模大，文化特点丰富多样，在这种国情下也不宜实行英语通用化。

最后，因为受到财力、人力以及时间的限制，必须慎重对待推行全国性自由贸易区问题。考虑到中国的快速崛起，韩国还应抓紧推进东北亚中心战略。

机场、港湾的集中化建设才是应对之策

总之，韩国的东北亚中心战略有别于带有城市国家性质的新加坡，应该采取以东北亚区域内具有竞争力的机场和港湾的集中化战略。真诚希望政府尽快着手开发港湾、机场及其配套园区建设，消除限制国家发展的各种阻碍因素，促使东北亚中心战略步入正轨。

港湾建设是海洋的衍生需求

港湾建设的需求是从航运发展中衍生出来的。尽管如此，不少专家却认为港湾建设跟货物运输有关。以这种认识和理解为基础制定港湾政策，导致港湾间产生了各种矛盾和冲突。

强调港湾需求和货物运输间相关关系的观点，源于现有的对航运理解的认识水平。在货物的移动中寻找航运的需要，这是人们理解和认识航运的根深蒂固的观念。基于这种航运衍生需求论，通过货运需求推论港湾建设需求的做法曾得到广泛的默许。时至今日，这种认识已经过时。荷兰、新加坡等追求物流中心国或地区的案例证明了这一观点。

荷兰和新加坡的海上物流量并不多样，但它们的航运业非常发达。随着航运的发达，货运需求得以带动。并且，得益于这些货运需求的增加，它们成功完成了港湾的大幅度扩充建设。总之，要成功转向物流中心国家，就要把港湾开发的战略立脚点落在航运的需求上。那么，如何正确理解推动港湾开发的航运需求？答案就在于要看懂航运模式的变化。

船舶的大型化是目前主导航运模式变化的要因。其中，集装箱的大型化发展趋势超出人们的预想，进展速度非常快。按照目前的这种发展趋势，短短几年后就会出现8 000～10 000 TEU级的大型船舶唱主角的时代。这样，即便是海上物流量再怎么快速增加，港湾建设的需求会相对减少。尤其是，它会导致大型船舶都集中停靠在少数几个港湾，会更加限制港湾建设需求。韩国要提前考虑清楚这一点，应重新审查港湾开放政策。

另外，船舶的运航速度是带动航运模式变化的另一因素。韩国一直为提高船舶的运航速度不懈努力。近来随着航空运输的快速发展，船舶速度的加速工程也在急剧发展，地效翼船（WIG船）的实用化就是典型的案例。地效翼船是利用航行过程中气翼贴近水面时产生的升力作用，以每小时250千米的速度在海上飞行的超高速运输工具。作为运输工具，这种船舶如果真正被投入使用，不只是海运市场，就连港湾开发领域也会受到巨大影响。地效翼船的出现和使用，不仅会改变客运方式，还会改变区域内特快传送货物的运输市场，随之会改变现有的客运和货运集散港。并且，地效翼船的出现会带动传送航线的扩充，很有可能会限制大型港湾建设的需求。

最后，还要注意观察航运活动的多样化现象。从东北亚地区的趋势来看，呈现出过去少有的车辆渡船（car ferry）的通航需求不断增加的趋势。航行于韩国和日本之间的超高速汽船的发展也只花了短短几年时间。除此之外，还需关注日益增多的超豪华游轮的通航和往来于韩国与朝鲜之间的特殊船舶的扩充现象。航运活动的多样化不仅要求港湾开发的多样化，还要求可持续发展的港湾开发战略。

所谓可持续发展的港湾开发战略就是：在不影响下一代需求的前提下，积极开发满足这一代人需求的开发战略。应关注前面所考察过的航运模式的变化，要认清可持续港湾的开发战略就是我们人类的生存战略。应该认识到，为下一代的生存条件保留一些港湾开发也是一种开发战略。为了实现这一策略，需要我们从港湾建设的角度上去了解和认识航运。港湾建设的需求不是源于货运需要，而是航运的衍生需求。

物流中心化悖论

物流中心化，它给人的印象不像是国家制定的课题，更像一个口号。物流中心化战略早在1996年由“文民政府（金泳三执政时期的韩国政府）”提出。接着“国民政府（金大中执政时期的韩国政府）”和“参与政府（卢武铉执政时期的韩国政府）”也都把物流中心化战略纳入国家课题。因此韩国民众对此抱有很大期望，但至今还没看到具体的可视化成果，近期也无望有何成果。如果一定要说出点成果，培养出很多物流专家算是一件。不管是学术界、舆论界还是政府部门，到处都是物流专家。如今给人的感觉就是，不谈物流就跟不上时代的潮流。但是即便有这么多专家，却没有多少人会相信不久的将来韩国物流中心化战略能实现。

优质的物流服务才是关键

作为成功实现物流中心化战略的典范，人们津津乐道荷兰和新加坡的案例。值得注意的是，这两个国家的物流中心化战略和韩国的物流中心化战略不同。首先，荷兰、新加坡都属于国土面积不大的小国，因此相比输入量，它们更看重输出的物流量。这两个国家所拥有的巨大的本土物流企业就充分证明这一点。芬兰的 P&O Nedlloyd 公司、BCT 公司，新加坡的 APL/NOL 公司以及 PSA 公司等这些闻名遐迩的大型物流企业，都依靠本土的力量进军世界各地。也就是说，这些小国的物流中心化战略所追求的是离心力的最大化，而不是向心力。这种策略符合地理学上所说的中心地理论。

根据中心地理论，在某个区域形成部落或市场的首要目的在于为开市的周边区域提供物资和劳动力。这些市场位居城市中心区域，被称为中心地。高层次中心地比其他中心地提供更多的物资和劳动力；低层次中心地只能具有狭小领域。高层次中心地一般销售附加值很高的物资和劳动力，涉及范围比低层次中心地广得多，但数量不多。根据这一理论重新定义物流中心地的话，物流中心地就是指比其他区域向周边市场区域提供更多的物流服务的地区。还有，所谓的高层次物流中心地就是指附加值相对高的物流服务区。所以，这些区域不会像韩国这样非常看重国外物流企业的招引和转运货物的保障，反而会把物流中心地的意义放在为本土物流企业提供根据地，确保它们提供比外国企业更优质的物流服务。

吸收不是目的，输出才是核心

其实即使不拿中心地理论做比较，韩国的物流中心化战略仍面临着不可回避的问题。最重要的是，中国庞大的海上物流量的增加，导致物流船舶直接前往中国港湾停靠，根本谈不上往韩国港湾的物流转运。并且，中国政府大力推进的西部大开发战略也不断促使物流据点往中国内陆转移。这种种变化彻底拴住了想把中国的物流吸引到韩国的既定战略。总之，韩国应该调整“以吸收为目的”的物流中心化战略，把重点放在输出上。调整战略的关键在于实现设施和制度的尖端化，确保韩国的物流企业在国内的港湾和机场创造出更高的物流附加值，培养出世界级的专门物流企业也是核心战略的举措之一。如此一来，政府各部门之间没必要为争夺物流主导权而争执，也没必要为物流中心化进程中的机构合并而伤脑筋。失去离心力，中心也不会存在。吸收不是重点，输出才是关键所在。

扩大物流中心化外延

物流中心化是韩国政府推进的核心政策目标之一，随着1998年“国民政府”的执政而出台，因此，时间并不算短。但是尽管过了这么多年，韩国离物流中心化目标还是很遥远。如果这种状况一直持续下去，韩国的物流中心化战略将无法回避调整其战略轨道的修正问题。

正如我们所熟知，韩国政府的物流中心化战略的重点是招引转运货物。按照这一理解，政府集中投资建设大型港湾和机场，取得了一定成绩。暂不论其他，就港湾领域而言，为建设釜山新港和光阳港等七大新港湾，今年海洋水产部的预算投资额多达1兆韩元。不过，这一预算额能否达到转运货物的招引目的还是个未知数。物流流通量曾经是世界第三的釜山港，去年被中国上海港所赶超，接着又被广东省深圳港赶超，目前已降至第五。这表明韩国的物流中心化战略输给了中国的快速对应措施，已经失去了先机优势。这也正是必须重新审订韩国物流中心战略的意义所在。

初期的物流中心化战略是狭义范畴的概念，是指将周边国家的物流引导到韩国来，从中获取物流附加值中一部分。韩国一直把战略焦点放在地理位置的优越性上，正是源于这一认识。如果周边国家的港湾和机场条件相对恶劣，韩国就可以凭借这种先机效果获取物流附加值。可是韩国的港湾以及配套园区的开发工程一度被拖延，因而失去了不少先机优势。这里所讲的机会减少是针对中国而言的。跟日本、朝鲜和俄罗斯比，韩国的现有物流中心化战略还是非常有效的。因此，在这里所谈及的物流中心化战略的重新审订是指，读懂中国的变化，并根据这一变化进行战略修正的措施。

最近中国海运市场的发展速度非常惊人，促使这种发展的最根本的原因在于港湾物流量的爆发性增长。香港以外的中国的 7 大港湾去年的集装箱总物流量超过 3 500 万 TEU，比前一年增长 40%。通航物流量的急剧增长，带来了一系列的波及效应。首先，迫使中国加快港湾工程开发速度，这对世界航运经济的繁荣起到牵引车的作用。还有，船舶的大型化和港湾市场由大型公司支配的体系转换也是由它带动。不过问题的严重性在于，正是这一波及效应，很有可能给韩国现有的物流中心化战略造成负面影响。举一个鲜明的例子，中国庞大的通航物流量的增加，会打破韩国的转运货物梦，导致直接停靠中国港湾的直停靠现象出现。这种现象已经在中国各个港湾中出现。

并且，中国加快港湾建设速度，迫使韩国降低当初对大型港湾开发效果所抱有的期望值。那么，可以抵消这种负面影响的对策是什么？扩大物流中心化战略的外延，是这一问题的答案。

某一概念的外延，就是指能够适用该概念的所有对象的总和。依据这一定义，韩国的物流中心化战略，其外延受到很大局限，这是非常严峻的问题。也就是说，由于现有的战略把对象限定在国内物流的附加值上，因此造成了不能分享前面所提及的中国效应的局限性。如果把战略对象扩展到东北亚区域内的所有物流附加值，情况就不同了。这样在实现招引转运货物的同时，还能实现韩国物流企业积极走向中国，进而使出口成为物流中心的核心，应该说这才是韩国物流中心化战略的核心战略。

总之，如果没有本国的航运就无法拓展扩大物流中心化战略的外延。如果疏忽战略的外延扩大，韩国则无法分享中国效应，进而东北亚物流中心化的战略梦想也会变成一场空。

实施物流中心化战略，首先要完善海运法

要实现朝鲜半岛的物流中心化战略，得先从抓紧完善海运法开始。众所周知，韩国98%的出口和进口物流是依靠海运和相关服务得以实现的。因此，物流中心化战略成功与否，取决于能否提高韩国的海运数量和服务水平。而现行海运法存在很多制约，因此必须加以完善。

韩国现行的《海运法》沿袭了1983全面修改过的《旧海上运输事业法》。这期间，随着对内、对外条件的变化，《海运法》经历了几次修订，尤其是在“文民政府”和“国民政府”时期，在高强度的放宽管制机制下，删除了很多条款，结果形成了松散的海运法体系。并且，现行的《海运法》跟不上时代的步伐，不能全面反映政府所推行的物流中心化战略。

首先，韩国的海运法不同于西欧式的海上输送秩序法，而

是日本式的以行政事务为主的秩序法，这是过去韩国的海运法完全沿袭日本的海上运输事业法的结果。不过在对内管制几乎不存在的现行条件下，行政事务秩序不再具有现实意义。因此有必要整顿韩国的海运法体系，参照美国的外港海运法把韩国的海运法体系改为海上运输秩序法。并且，为迎合具有国家战略意义的物流中心化战略，需要重新补充和完善韩国海运法内容。

正如前面所提及的那样，物流中心化战略的成功意味着比起其他地方，韩国可以在自己本土的港湾上提供更丰富和优质的海运以及相关服务。那么，能够提高这些水平的方案是什么呢？关于这一问题，可以从迂回蓄积的原理中来找一下答案。

所谓迂回蓄积的原理就是指，在实现最终目标的中间过程中介入某一媒介来优化最终目标的一种智慧。在生产最终消费品的中间过程中，一般会介入许多中间生产媒介。事实上，在发达国家从事制造业的劳动力中，只有10%的人投入到最终消费品的生产工作，其余约90%的劳动力都是中间环节的参与者。这就表明，提高生产能力是在生产要素的迂回蓄积中得以实现的。因此提高海运服务生产能力的前提条件，就是必须介入更多的中间生产媒介。

与海洋服务有关的中间生产媒介非常丰富。比如，现行《海运法》所规定的海运中介、海运代理、船舶租赁和船舶管理等都是典型的中间生产媒介。广义上讲，包括在港湾运输事业法中的装卸、代管、验收、点验、鉴定等也都可以纳入到中间生产媒介中。虽然这些中间生产媒介没有包含在海运相关法之中，但海上货运代理业务也是在海运服务生产线中不可或缺的中间生产媒介。除此之外，海运金融和保险业也都起到中间生产媒介作用。

然而，并不是说这种丰富的中间生产媒介的迂回本身就能带来生产力的提高。生产力的提高是通过在迂回的过程中所蓄积的力量的增加实现的，因此为了蓄积韩国海运法的迂回力量，必须完善海运法的内容和体制。具体如下：

第一，区别对待生产最终生产品，即海上运输服务的海运业和生产中间生产媒介的海运相关附加产业。现行《海运法》在第二条款里，把海上旅客运输产业、海上货物运输产业、海运中介业、海运代理产业、船舶租赁业和船舶管理业都规定为海运业。这种认识与政府的产业分类体系相矛盾，不仅会带来统计上的混乱，而且误导人们把海运业和海运附带产业一同视为海运公司，造成理解上的困难。第二，海上货运代理业是提高海运服务生存力的最重要的中间生产媒介，因此有必要把管制海上货运代理业务的内容纳入到《海运法》中。围绕这一观点，有一些人认为由于货物流通促进法中已经有复合货运代理这一条款，所以没有必要再纳入到海运法之中。但是在国际法明确规定复合货运代理和海上货运代理是属于不同行业领域的概念。第三，港湾运输事业法所规定的相当多的行业具有与海运服务生产有关的中间生产媒介性质，因此有必要制定这些行业与海运法相协调共存的方案。

关于物流中心化战略，以上列举了三种海运法整改方案，但这些建议的目的是为了强调海运法整改的必要性。希望有朝一日能看到船主及相关船舶协会和海洋水产部面对面进行商讨，尽早制定出合理的海运法完善方案。

物流中心国家和海运条件优越的国家

物流中心国家和海运条件优越的国家正如硬币的两面。如今作为物流的中心国家和地区，没有哪一个不具备发达的海运业。众所周知，荷兰、新加坡、中国香港等面积虽小，但具有强大的海运能力。荷兰的船舶拥有量达 600 万总吨位，其海运能力也非同一般。为获取今天的这一地位，这些国家和地区所倾注的不懈努力与韩国形成鲜明的对比。首先，新加坡视增加船舶注册量为成为世界海运中心的前提条件。它们按照这一策略放宽注册条件，加大各种减税优惠力度。从 1995 年开始，新加坡的船舶注册量每年以 10%左右的速度增长，目前其船舶注册量达到 2 400 万总吨位，这是韩国船舶注册量的 3 倍。中国香港也采用近乎方便旗船的船舶注册制度，并且为了招引更多的船舶，巡游世界各地大力做宣传。香港港湾委员会的成员为了宣传香港具有优越海运条件，定期探访海外各国。荷兰作为传统的海运强国，早就实施海运支援制度，远远走在韩国前面。比如，在韩国还处在探讨阶段的吨税制度，荷兰早在1996年1月就开始实施。即便是外国船长，只要通过荷兰组织的资格考试，就被允许开荷兰籍的船舶。通过这些举措，荷兰大幅度放宽对船员身份的制约。还有，对搭乘荷兰船舶的船员，无论国籍如何，荷兰都给予其各种减税优惠。此外，荷兰把海运业看作最重要的产业，经营着欧洲最发达的海运教育机构和相关教育项目。作为物流中心国家，荷兰能够保持世界地位，得益于国家对海运业的大力支持。

其实，韩国政府为海运业的发展所倾注的努力也不可小视。这些年韩国引进新的制度，废除了各种制约条件，连邻国日本也都学习韩国的相关海运制度。遗憾的是，尽管取得了一些成果，韩国的海运条件还远不及上述物流中心国家和地区的水平。看看韩国政府所研究过的海运课题，就能明显感觉到差距。

韩国政府的《海运产业的中长期发展规划》和简称"Ocean Korea 21"的《海洋水产发展基本规划》都属法定规划，分别在2001年6月和2000年5月公布。两个规划都把海运业视为国家的关键产业，把它纳入了中长期的推行课题中。分析和研究主要推进课题，就会发现它大体上包含以下两大范畴的内容。第一，制度改善方面：改善有关海运税制、船舶金融、外汇兑换率、船舶注册等制度，盘活P&I、船舶投资公司以及国际船舶注册制度；第二，构建海运基础建设设施方面：包括东北亚海运·物流中心的建立、韩国海事仲裁院的设立、东北亚多国间的海运·物流合作体制的构建等。此外，沿岸海运的盘活、海运法的修改、海运·造船的相关培育等很多课题也作为法定课题出现。事实上，这些是韩国海运业梦寐以求的课题，是韩国成为拥有优异海运条件的国家的必备条件。然而，尽管它们属于法定课题，这些年却没取得任何进展。于是，韩国船主协会不久前向政府提出引进吨税制度的建议。这是对政府的一种敦促。为什么会发生这种局面？关于这一问题也许有各种回答，但本人认为这是因为政府分别看待物流中心国家和海运条件优越的国家这一认识上的误区所导致的。

从“国民政府”时期开始，东北亚物流中心化战略就成了脍炙人口的国家策略。于是，本应成为主管部门重点负责这一战略的海洋水产部，被手握强权的部门和临时组织所取代，并以他们为主推行物流中心化战略。结果，海运领域在物流中心化战略中逐渐被挤出去，港湾和机场建设等看得见的政绩工程被提到议事日程上来了。当然，不可否认港湾和机场的扩充工作也是当前的重要任务。但是如果没有海运业做后盾，物流中心化很难取得圆满的成功。韩国铁道厅厅长金世浩在韩国海洋水产开发院主办的海洋政策研讨会上曾说过：“如今的仁川国际机场之所以能够取得成功，是因为我国拥有世界级的航空公司。”

按照这一逻辑，韩国的港湾想要实现东北亚物流中心地的梦想，必须拥有自己的国际船舶公司。而要想拥有世界级的本土船舶公司，必须先把韩国打造成拥有优越的海运条件的国家。衷心希望政府在船主协会提出建议之前就能积极主动认真推行与海运有关的国家规划内容。海运条件优越的国家和物流中心国家只是硬币的两个面而已。

第三部
韩国海运的理解

韩国海运产业与国家经济

国籍船的重要作用

韩国海运面临大变革

树立韩国海运发展模式

世界海运趋势及韩国的选择

韩国海运产业与国家经济

海运产业的意义

1. 海运的定义和特征

随着着重的观点不同，学者对海运的定义也有不同看法。例如：

1）以船舶为媒介，在海上进行客货输送的运送服务。

2）以大海为通路，船舶为工具，转移客货的活动。

3）以运输工人的劳动为代价，实现运输对象的位置移动，使之创造出新的、更大价值的活动。

4）在海上利用船舶或其他运送手段运输客货，并从中获得运送费用的商业行为。

由上述解释不难看出海运的大致定义，可是用一句话对海运进行定义是不可行的。在以上定义中，第一个定义的着重点为船员，第二和第三个定义的着重点为运送方式和运送目的，而最后一个定义的着重点为海运企业活动。以如今海运产业主导商业活动的观点来看，第四个定义是对海运来说比较公认的定义。

对于海运的定义，很多时候往往会错将海运与其他交通运输相提并论，海运与其他交通运输不同之处有两点。第一，海运的运送通路为“海路”，这个特征虽然显而易见，但人们往往将“海路”和“水路”混为一谈，继而把“海运”理解为“水运”。如美国五大湖上的运输，只能说是水运而不是海运。所以与海运有关的国内外法律法规不适用于在淡水湖上的运输。第二，海运的交通工具为商船。渔船、挖泥船、仓库船、牵引船及军舰等进行的不是以经商为目的的运输行为，因此不被纳入海运。

另外，由于海运存在以下特点，因此有别于其他交通运输领域。首先海运可以一次性完成大批量的运输。公路、铁路及航空运输虽然比较快，但是每次运输的量却很少。虽然铁路运输的量相对比较多，但与如今的海运相比还相差很远。此外，海运运输费用非常低。与其他产业不同，当今国内外海运的主要竞争因素是降低运输费用。当今世界能够实现国际分工的最大原因就在于廉价的海运费用，除此之外也包含海运运送路线比较自由等特征。众所周知，铁路和公路运输受到国界的限制，虽然航空看似比较自由，但也存在着国境制约，即航空只有在两国之间签好协议后方可开放。但是对于海运，即使是双方没有协商也可以通航。最后，海运具有国际性。海运区别于其他交通运输，适用于国际统一规范，这说明海运并不只在一个国家活动，这也意味着海运的国际活动有更多的必要性。

2. 船舶的意义

为了更好地理解海运，有必要对船舶进行更深层次的理解。因为大部分人对船舶的概念比较模糊，所以容易将海上运行的所有构造物都误认为船舶。如果不弄清船舶的准确概念就很难理解海运的真正含义。那么船舶是什么？与其他运输工具相比有什么特征呢？

对于船舶没有明确的定义，但在韩国，若具备以下技术特征，就可认为该构造物是船舶。第一是可漂浮性。如果不能漂浮在海水里就不是船。潜水艇虽然在水中潜行，但是可以漂浮到水上，所以也被认为是船舶。第二是装载性能。在这里装载性能指的是承载其他物品的功能。第三为移动性。在这里利用自力还是借助他力移动并不是问题，驳船虽没有自力装置，但还是将它归纳为船舶。第四要具备凹形模式。船舶由于承载其他物品，因此需具备防止海水浸润的凹形模式的装备。这就是韩国将排筏不视为船舶的原因之一。

另外，船舶须具备以下特性，才能区别于其他运输工具，即船舶为动产的合成物。民法认为只有土地和房屋是不动产，因此船舶首先是动产。此外，船舶的船身和发动机各自成为独立的保险对象，也可认为是一个合成物。综上所述，船舶一方面是动产，另一方面也具备了不动产的特性：船舶是不动产标准下的登记对象，同时也可办理租借登记；船舶可像不动产一样有抵押目的，擅自登船可构成非法侵入罪。最后，船舶具有人格化的性质，与其他交通工具相比，船舶有自己的名称和国籍。虽然韩国商法没有规定，但在国外审理海上事故时能赋予船舶被告的资格。

由于船舶的特性不同，依相关法律法规，适用对象也不同。比如韩国海上法规定以经商及盈利为目的运行的船视为船舶，因此用划桨划的船应排除在外；渔船不涉及经商，也应不涉及海上法。虽然海运法没有明确规定适用范围，但一般情况下仅限于运输企业在海洋水产部登记后，用于经商的船舶。除此之外，船舶还要符合航行法、国际船舶登记法、渡船法、船舶职员法、船员法、船主伤害保险法等相关法律规定。

另外，国际法将船舶分为公船及私船，前者包含军舰和监视船。一般商船及以盈利为目的的船舶大多属于私船，公海上的船舶的管辖权属于船旗国。

3. 海运业及海运产业

海运业和海运产业是两个不同的概念。类似这样的区别对国家政策的制定和执行是必不可少的。不仅是普通民众，政策决策者也存在对其概念模糊不清的情况。

海运业狭义的定义为：根据合同提供海上货物的运送服务

而获取利益的海上运输业。上述定义中的海运业只限于在海上输送货物。但韩国对海运业的定义范畴要大得多，现行的《海运法》（2002.12.11 法律第 06774 号）第二条规定海运业的范畴包括海上旅客运输业、海上货物运输业、海运中介、海运代理商、船舶租借业务及船舶管理业务等与海运相关的附属业务。

此外，虽然韩国现行《海运法》对海运相关业务范畴有争议，但目前仍把装卸业务、驳船业务、仓库保管业务、验收及检验业务等视为海运附属业务。另外，纳入海运业范畴的还有渡船业务、P&I 保险、海上运输代理业务、船舶加油业务及加水业务、通信业务、船用品及船舶给养等许许多多服务于海运的业务。

与海运业相比，海运产业的定义比其他产业更为完善，产业在供应商的立场是生产出替代性更高商品的企业，因此按照这个定义，海运产业定义要比海运业的定义广得多。但是根据统计局公布的韩国标准产业分类（KSIC），海运产业只包含了旅客运输产业、货物运输产业及其他产业中牵引船运行及游艇租借。这样狭义概括海运产业的定义更加局限了对海运产业的理解。因此，为了使海运产业在国家政策中占据有利地位，应重新定义海运产业的概念，并从广义的角度对海运产业进行描述。从广义上解释海运的话，海运并非是贸易的派生物，从根本上来说，海运应解释为其他附属产业的本源需求。

韩国海运产业的地位

1. 韩国海运产业现状

海运产业包含的门类繁多，一一分析各个门类比较困难，因此在这里主要围绕海运产业的三个要素：船舶、货物及船员，介绍韩国海运产业的现状。

1）船队现状

经过一个世纪的发展，韩国船队有了突飞猛进的成果。在1970年韩国船队的总吨位只有92.5万吨，之后以年平均8.5%的速度增长，2003年末已达到了1 300万吨。由〈表1〉可以看出其增长速度主要体现在了船舶的大型化。1970年韩国拥有船舶2 802艘，而到了2003年船舶的数量反而减少到2 552艘，这正说明船舶总的吨数增加是因为船舶的大型化。这些韩国船舶的大型化极大地提高了韩国船队的竞争力。

2）船舶结构进一步优化

韩国商船的船舶结构发生了很大的变化。由〈表2〉可以看出韩国船队中集装箱专用船及液化天然气运输船的比重明显增加，而其他传统船舶的数量则呈现减少的趋势。韩国集装箱专用船在全世界主要航线起到了一定的主导作用，提高了韩国在世界海运界的地位。

〈表 1〉 船 队 现 状　　单位：千 GT，%

区　分	1970		2003		年平均增长率	
	艘	GT	艘	GT	艘	GT
外航线			420	11 174		
内航线			2 130	1 530		
合　计	2 802	925	2 552	12 740	－0.3	8.3

资料：海洋水产部

〈表 2〉 海轮船类、船舶量趋势　　单位：千 GT，%

区　分	1990		2003		年平均增长率	
	艘	GT	艘	GT	艘	GT
集装箱专用船	61	1 251	95	2 099	3.5	4.1
LNG 船	—	—	17	1 700	—	—
原　油运输船	14	988	8	1 160	－4.2	1.2
其　他	355	6 789	300	6 215	－1.3	－0.7
合　计	430	9 029	420	11 174	－0.2	1.7

资料：海洋水产部

3）海上进出口及沿岸物流量

韩国海上物流量相对海运规模比较丰富，由于海上物流量的增长较快，韩国海运的发展有较大的空间。统计结果显示，1970年以后进出口货物每年以11%的速度递增，2003年达到7亿吨。沿岸物资在同一时期以8.1%的速度递增，到2003年末达到了1.5亿吨。参照〈表3〉。

〈表3〉　海上进出口及沿岸物资流通量

单位：百万吨，%

区　分	1970	2003	年平均增长率
进出口	22	673	10.9
海　岸	11	142	8.1
合　计	33	815	10.2

资料：海洋水产部

4）国籍船的积载率

国籍船积载率对海运有着重大意义。国籍船积载率主要反应本国进出口路线中本国船参加运输的比率，这个比率并不是越高越好，国际上一般认为40%积载率最为合适。由〈表4〉可以看出在韩国1990年保持着最佳积载率，之后到2003年大幅度降低到18%。这意味着韩国海运正在走下坡路，针对这一情况有必要采取紧急措施。

〈表4〉　进出口海上物资流通量国籍船的积载率　单位：%

区　分	1970	1980	1990	2003
积载率	22.5	45.4	40.0	17.7

资料：海洋水产部

5）国籍船社进出口及三国间货物运输趋势

韩国国籍船社运输活动在三国间航线比进出口航线更为活跃。由〈表 5〉可以看出，1980 年国籍船社的三国间航线运输比率只有 20%，这说明韩国国籍船社进出口航线运输比率高，而三国间航线的运输比率相对较低。但进入 2000 年这个比率发生了根本性的变化，到 2002 年三国间航线运输比率达到了 60%。这说明韩国海运的进出口航线不如外国船，而三国间航线运输比率的大大提高正是中国海商活跃造成的结果。

〈表 5〉　国籍船社进出口及三国间货物运输趋势

单位：千 R/T，%

区　分	进口 (A)	出口 (B)	三国间 (C)	合　计	三国间运输比率（%）
1980	11 985	30 673	11 437	54 095	21.1
2002	30 282	93 250	184 780	308 312	59.9
年平均增长率	4.3	5.2	13.5	8.2	

资料：海洋水产部

6）国籍船社运费收入

国籍船社的运费收入对韩国国际收支贡献较大。这是因为若没有国籍船社，大量的运费会以外币形式流入外国航运公司。另外，国籍船社的运费收入也代表着韩国航运公司的规模。从〈表 6〉的数据能够了解过去 30 年间韩国海运快速的成长趋势。1971 年国籍船社的总运输收入额仅为 8 500 万美元，但是到了 2003 年收入额达到了约 118 亿美元，比 1971 年增长了 140 倍。118 亿美元相当于韩国主要产业半导体和汽车出口的额度，可想而知韩国航运在国内经济发展中起着主导作用。

〈表 6〉　国籍船社运费收入　单位：百万美元，%

区　分	1971	2003	年平均增长率
运费收入	85	11 791	16.7

资料：韩国船舶协会

7）海上运输及所属企业现状

韩国海运毕竟不是小规模产业。首先海上运输企业在 2003 年末已达到 1 100 多个，而所属企业已达到 1 600 多个（参照〈表 7〉），所属企业中若加上遗漏的与海运有密切相关的海上运输转运企业，可能会达到 6 000 多个。除此之外，若再加上前面所述的港湾运输企业和其他海运相关部门，则数量可达 10 000 个以上。

〈表 7〉　海上运输及附带企业现状（2003）

区分	海上运输企业					附带企业					合计
	外港		内港		小计	代理商	中介商	管理商	租借商	小计	
	旅客	货物	旅客	货物							
企业数量	11	75	57	926	1 069	846	361	307	91	1 605	2 674

资料：海洋水产部

8）船员就业现状

韩国船员对韩国经济发展所作出的贡献应受高度评价，特别是在经济开发初期的1960～1970年，韩国船员在海外就业所创的外汇对韩国经济发展的作用是不可取代的。如今仍然约有5 000名左右的船员在海外就业，但船员海外就业呈现逐步减少的趋势（参照〈表8〉）。另外，韩国国籍船社的船员就业率也随着船舶大型化和投资紧缺呈下降趋势，再加上发展中国家船员的廉价劳动力替代韩国价格昂贵的劳动力，因此韩国船员的海上技术传承也受到威胁。

〈表8〉　船员就业现状（商船）　　单位：名，%

区　分	1970	2003	年平均增长率
国内航运就业	15 952	14 671	－0.6
海外就业	27 029	4 611	－14.6
合　计	42 981	19 282	－6.0

2. 韩国海运的地位

韩国的海运实力在全世界可以说是屈指可数的，〈表9〉和〈表10〉可以证实这一点。首先从〈表9〉中可以看出韩国的前位船舶保有量居于中国和中国香港之后，位列世界第八，这是一个非常可观的数据。但是如果韩国政府像现在这样忽视对船舶投资，韩国现有的地位可能会不保。

〈表 9〉　世界前位船舶现状

截至：2003 年 12 月 31 日

次序	国家	艘数	GT	比较
1	希腊	3 025	91 095	541
2	日本	2 943	77 070	458
3	挪威	1 653	36 687	218
4	德国	2 464	36 415	216
5	美国	1 549	34 506	205
6	中国	2 416	30 612	182
7	中国香港	485	17 504	104
8	韩国	865	16 824	(100)

资料：Fairplay，Lloyd's Register

另外，韩国海运在全球是屈指可数的。如今集装箱轮船可称之为海运之花，在世界 20 大集装箱轮船的排序中，韩国分别占据了第五位和第九位，它们分别是韩进海运和现代商船。这个数据也说明了韩国海运的强大实力。

以上数据结合〈表 10〉可以看出，韩国海运产业仍富有发展前景。韩国海上进出口物资流通量每年大幅度增加，2020 年将会达到 14 亿吨，占世界海上物资流通量的 7%，这也说明了韩国海运的可发展空间。此外，沿岸运输分流能力和港湾设施也反映了韩国海运的发展潜力。

〈表 10〉　韩国海运潜在力指标

指　　标	2000	2010	2020	2030
进出口海上物资流通量（百万吨） 世界海上物资流通量占有率	569 5.4	983 6.2	1 371 6.9	1 643 7.4
总船舶拥有量（百万 DWT）	24	36	54	60
海岸运输分担率（%）	22	26	28	30
港湾设施能力 装卸能力（百万吨）	418	963	1 369	2 035
处理集装箱能力（万 TEU）	548	2 940	5 033	9 052
总设施保障率（%）	81	100	100	100

资料：海洋水产发展基本计划

韩国海运产业与国家经济

韩国海运产业与国家经济发展的关系还存在着较大的争议，涉及以下几点：第一，贸易发展与促进经济成长；第二，通过创汇实现国际收支平衡；第三，造船及有关产业的发展；第四，扩大就业能力；第五，申扬国威及国家安保功能。以上很多内容在文献中已详细记载，这里只讨论海运产业在国家经济发展中的重要作用，以便重点突出韩国海运产业与国家经济的密切关联性。

可以用一句话概括韩国海运与国家经济的关系，即韩国海运是支撑外向型开放经济的基础产业。这是由韩国国民经济对外依赖性决定的。对外依赖度指的是进出口贸易占国内生产总值的比例。2003年韩国国民生产总值为6 026亿美元，而进出口贸易额为3 726亿美元，韩国经济对外的依赖度达到了62%，这是一个很令人震惊的数据。与日本的20%和美国的25%相比，这个大比例数据说明韩国若不依赖进出口是很难维持生存的。特别是〈表11〉中显示的数据表明，韩国的进出口贸易大部分依赖于海上运输，因此海运是韩国经济发展的生命线。更准确地说韩国进出口的99.7%依赖于海运，只有0.3%依赖于航空，因此没有海运，韩国经济将很难维持下去。这一点对缺少赋存资源的韩国来说更加显著。2002年韩国通过海上运输进口的主要原材料中粮食1 196吨、原油1.93亿吨、铁矿石4 119吨和煤6 379万吨，可谓是天文数字。如果这么多的量不是依托国籍船社，而是依托外国船社会出现什么样的问题呢？如果从中南美及非洲等海运不发达国家运输货物，韩国就要付出高价的运输费用，这也为韩国的经济带来非常大的压力。

〈表11〉 运输方式及进出口物资流通量现状分析（2002年）

运输手段	运　输　量	运输分担率（%）
航　　空	208万吨	0.3%
海　　运	6.5831亿吨	99.7%

资料：建设交通统计年报

另外，海运产业通过创汇、扩大就业等方式间接地为国家经济的发展起到了明显作用。海运产业的贡献度可参照〈表12〉。由表可知韩国海运产业创汇额为131亿美元，相比海外支出额98亿美元，净赚外汇33亿美元，这个数据与韩国服务行业亏损76亿美元形成鲜明的对比。

〈表12〉 2003年度韩国海运收支现状 单位：亿美元

服务收支			海运服务收支			海运服务贡献度
收入	支出	合计	收入	支出	合计	
327	403	—76	131	98	33	40%

资料：海洋水产部

此外，海运产业对国家经济发展的拉动效应已在很多研究中被证实，其对韩国经济影响达到了3%，高于其他行业的水平。

最后，海运产业在申扬国威、维护国家安保也做出了较大贡献。韩国海运产业为国家造船产业做出了较大贡献，是一支国家经济发展不可忽略的力量。因此，韩国海运产业作为国家经济发展的基础产业，非常有必要维持发展现状。

韩国海运产业课题

韩国海运产业的国家经济意义其实是非常客观的，并不落后于其他产业。但是韩国的海运产业面临较大的困难，发挥不出原有的优势。在此，提出几点改善韩国海运产业的方案，以便为国家经济的发展做出更大的贡献。

1. 确立针对大宗货物的国籍船运输体系

韩国海运产业在短时间内能进入世界 10 强并使韩国发展成为世界海运强国，主要在于确立了大宗货物的国籍船运输体系。韩国三大大宗货物为 POSCO 的制铁原料、韩国电力的煤炭和韩国天然气公司的液化天然气。其中韩国天然气公司的液化天然气专门由 17 艘国籍船来负责运输，POSCO 和韩国电力各与 37 艘、12 艘国籍船签订了每年运输6 000 万吨物资的协议。实际上韩国海运若不建立类似的专用航运体系是不可能生存的。

但是最近 POSCO、韩国电力与日本航运公司签订长期运输协议后，韩国海运受到了较大的影响。POSCO 与日本 K-Line 及 MOL 公司签订了年 300 万吨炼钢原料运输的长期协议，韩国电力的子公司韩国东西发电（株）与日本 NYK 公司签订了年 180 万吨的煤炭运输协议。将如此庞大的运输权委托给海外公司，这对韩国海运产业是一个极大的冲击。这些运输权的海外流出，可能会使韩国海运产业的基础坍塌。日本、中国等与韩国竞争的国家从未将本国的庞大运输权委托给海外运输企业，这也证实了上述的观点。而且美国也制定了海运安保法，规定本国大宗货物的运输必须委托给本国的海运运输企业。

因此，为了对韩国海运产业防患于未然，更加巩固国家经济安全运行，韩国必须对大宗货物运输确立国籍船的运输体系，并且建议韩国尽快导入多年前已通过审核的国家船队制度。

2. 提高国籍船对外竞争力

POSCO 和韩国电力解除与国籍船社的合约而与日本船社签订长期运输协议的主要原因之一是韩国国籍船的对外竞争力的削弱。早期韩国就发现，相对其他的竞争国家，其海运环境相对较弱。首先，虽然韩国的船舶保有量位列世界第八，但仍欠缺政府层面上强硬的船舶支撑体系。而且，韩国的海运税制与海运先进国家相比没有吸引力。韩国海运仍未能脱离旧模式的管理方式，并且早该废止的海运规定仍在执行。特别是限制雇佣外国船员带来海员费用的增加，严重影响了国籍船的对外竞争能力。因此，为了提高韩国海运与先进国家海运公司的竞争力，提出以下几个方案：

第一，完善船舶投资公司制度。具体是通过扩大投资者的税制优惠，加强投资力度。另外，还需激活类似于过去计划造船方案的海运造船相关培训方案。第二，税制改革的核心是船舶吨税制度的实施。第三，海运惯例改善主要指的是长期以来海运企业对外汇兑换制度的改善，因此也应尽快导入适合海运企业的外汇兑换制度。第四，应尽早废止对外国船员的各种限制政策。

以上对制度改善的问题除了海洋水产部，还涉及其他部门。因此，希望国务总理室及青瓦台和海洋水产部能够共同探索出更好的方案。

3. 强化海运安保功能

海运的安保功能在历史上随处可见。除了第一次和第二次世界大战以外，最近发生的马尔维纳斯群岛（英国称之为福克兰群岛）战争和海湾战争是非常好的例子。西欧等海运国家在20世纪80年代后期，为了复兴本国海运产业导入了第二船籍制度等海运资源系统，这一切都是为了提高国家海运安保能力而实施的。韩国的立场也同于传统海运国家。对处在被周边强国包围及南北对峙的韩国来说，韩国海运的安保能力更为重要。

最后，韩国海运的安保能力的强化焦点应放在巩固国籍船运送体系上。要强化国籍船运送体系，韩国也应像美国一样实施海运与国防一体化政策。

结束语

韩国海运产业为国家经济的发展做出了重大贡献。特别是大宗货物的国籍船运送体系不仅促进了韩国经济的发展，而且令韩国造船产业提升到了世界水准。现今韩国的专用船共有100艘左右，其中大部分是国内建造的，并且17艘输送高价液化天然气的船舶全部是国内造船厂建造，韩国造船行业已经拥有世界最高的液化天然气运输船制造技术。以此为契机，目前韩国已经包揽世界液化天然气运输船的制造市场。从造船工业的就业率和附属产品的发展来看，如何提高韩国海运产业的重视程度是非常重要的。不仅如此，韩国国内与海运相关联的企业完全依赖于韩国海运产业。所以不能把海运当作贸易的派生效应，而应将它理解为奠定韩国经济发展的基本需求，将韩国海运产业的发展放到政府决策的首要地位。

国籍船的重要作用

目前，海运市场处于史上最好的态势，这确实是让人始料未及的。在如此好的状况下，如果韩国没有国籍船，那将会发生什么样的事情呢？这是让人感到心惊的问题。

韩国是对进出口贸易依存度非常高的国家。更重要的是，韩国 98%以上进出口货物需要通过海运来完成。2002 年韩国通过海上输送的进出口物资流通量已超过6.5 亿万吨，据推测 2003 年已接近 7 亿万吨，远远超过了世界海上流通量的 10%。这是一个非常巨大的物资流通量。然而相应出现了货主的运输成本急剧上升的负面影响。目前韩国货主的进出口营运成本中海上运输成本比例是全世界最高的。可是对于此，很少有人认识到它的严重性。

从表象上看，韩国是进出口货物成本竞争力最低的国家之一。最近的例子就是具有代表性的货轮运价指标之一的美国格尔夫港口——远东向巴拿马轮现货市场的谷物类海运费用从2001年每吨15～17美元迅速上升到2004年2月初的70美元。如果韩国的进口谷物类采用这种海运费用，谷物类相关企业的损失则不言而喻。

一方面，运费降低现象不会限定在不定期的干散货轮行业。能够准确反映集装箱货轮运价市况的豪罗宾逊租船综合运价指数从2002年的570上涨到2004年2月份的1 250，翻了2倍之多。同时，油槽船行业呈现出久违的活跃态势。如果韩国海运要支付如此高昂的现货运价，不仅韩国的进出口物流会遭受打击，而且整个国家经济也会遭到重创。然而现在不仅韩国的进出口物流业安然无恙，国家经济也没有因海运运价的上升而处于紧张状态。那么造成这一反常现象的原因是什么呢？就是因为韩国拥有国籍船。

众所周知，韩国的主要原材料大部分依赖进口。仅仅是钢铁原料及发电用煤每年的进口总量就超过1 000万吨。如果货主雇用现货市场货轮，就要比2002年至少多支付4 000万～5 000万美元以上的货运费用，谷物及化肥原料也是如此。但幸运的是，韩国依托国籍船拥有长期运送合约，所以受市况变化影响不大。

目前钢铁原料的82％和发电用煤炭的53％正在利用国籍船的长期运送合约进行着输送。尤其是韩国主要能源LNG大部分依靠国籍船的长期运送合约来解决运输问题。同时，出口货物行业如果没有国籍船也不会有今天的繁华景象。实际上，由于受最近国籍船船容扩充的限制，韩国货主想要租用国籍船已经不像以前那么容易。但是，由于国籍船能够定期在韩国的港湾起航，才使得韩国的出口行业能够迅速发展。在韩国，出口集装箱的40%以上都是用国籍船运送的。如果没有国籍船，那么韩国进出口海运运费将上涨到不可想象的程度。

总的来说，最近暴涨的海运市况成为韩国重新认识国籍船的契机，也证明长久以来韩国实施的海运政策是妥当的。特别是围绕《国际船舶注册法》实施的关于维持国籍船队的各种努力应该给予高度的评价。期望通过船舶吨税制的早期引入，以及按照船舶投资公司法扩大税制资助，从根本上改善国籍船队体制。海运已超越国家经济成为韩国的生命线。如果韩国没有国籍船会发生什么样的事情呢？在这繁荣景象下，这个问题值得我们去认真思考。

韩国海运面临大变革

韩国海运内外正面临大变革。如果韩国安于现状，认识不到即将到来的海运市况变化，韩国海运将无法期望有很好的发展。

世界海运的兴衰会随着运输手段的发展而不断改变。此外，周边国家的势力变化也给一个国家的海运产生影响。首先从技术革新的角度看世界海运的变革发展，大体上可以总结为三个阶段。第一阶段，19 世纪初随着汽船的出现，帆船逐步退出历史舞台。汽船的高性能使帆船在短时间内受到冲击。1832 年在劳氏船名录注册的汽船虽然只有 100 多艘，但在此后的一个世纪内帆船的数量急剧减少。随后，随着内燃机的问世，汽船也没能维持多久。第二阶段，伴随着蒸汽机车的出现，沿岸及内陆水上输送趋于衰退。18 世纪随着英国产业革命在欧洲及美洲大陆的扩散，铁路运输开始大面积推广，内陆水路及沿岸输送相对开始衰退。第三阶段，20世纪航空飞机的迅速发展促进了大型客轮的退出。直到19世纪末，连接欧洲、非洲及美洲三角贸易还是在客轮的主导下处于鼎盛时期。然而这个三角贸易也随着英国棉纺织业的衰退及奴隶运输禁令的实施而惨遭淘汰。虽然之后相当长的一段时间内客轮仍然维持着欧美间的人员及物资输送，但随着在两大洲之间飞机航线的开启，旅客输送数量逐步减少。同时，定期的大型客轮也逐渐消失。

其次，从世界海运史上能够清楚地看到一个国家的海运与其国力有密切联系。众所周知，世界海运起源于古巴比伦，随着其强大的势力逐步向西扩进。中世纪，地中海沿岸国家主导着世界海运，然后是西班牙、葡萄牙及荷兰等国家主导了世界航运。17世纪英国开始在世界海运称霸。美国虽然在二战后以强大的海运实力著称，但随着海运业的没落，很快跌入了萧条期。但是，目前美国海运实力仍然与西欧传统的海运强国并驾齐驱。这正是国力左右其海运实力的有力佐证。那么，目前韩国海运大变革的核心内容是什么呢？那就是充分认识替代运输手段及周边国家势力变化。

在过去的将近半个世纪内，韩国海运不像铁路及道路运输那样受到各种挑战。韩国的外航及沿岸海运能够高速发展正是由于海运不存在替代运输的威胁。然而中国的改革开放及朝鲜半岛南北关系的缓和，预示新的陆路时代的到来。第60届联合国亚太经济与社会委员会（UNESCAP）年会将于4月22～28日在中国上海召开。会议认为，亚洲高速干线（Asian

Highway）将成为21世纪丝绸之路。如果这个计划实现，那么新的海运线将以韩国的釜山为起点，经过平壤直至欧洲。亚洲铁路网也将在31个国家间形成55条蜘蛛网式的铁路网。然而这样的盛事却首先会给韩国、朝鲜及中国间的海运带来打击，最终将不得不面对从亚洲发至欧洲的航运逐步减少的局面。从韩国国内来看，高铁开通、韩国与朝鲜间道路及铁路的连接都将会导致海上运输的减少。最近成为议论热点的韩、日海底隧道也应引起关注，它也许会成为韩国海运发展的不利因素。另一方面，周边国家势力变化也是韩国海运变革不可忽视的要素。特别是中国海运的迅速成长将在很长的一段时期内成为韩国海运最大的威胁，朝鲜及俄罗斯也是韩国海运潜在的竞争对手。因此，从现在开始必须在政府层面上对上述的一系列变化采取积极的应对措施，特别要注意观察中国的发展动态。

总的来说，面对内外不利因素，韩国海运正面临着悄无声息的大变革。韩国海运应该把过去的海运发展史当作一面镜子，从中寻找发展规律及应对措施。

树立韩国海运发展模式

韩国树立海运发展模式的时机已经成熟。如果韩国海运找不到新的发展模式，那么将不可能创造新的辉煌。就这一点来说，韩国需要借鉴一些海运强国的发展经验。

世界海运强国大体上可以分为两大类型。一类是以英国、挪威、丹麦、荷兰及德国为代表的西欧传统海运强国，另一类是以日本为代表的新兴海运强国。西欧国家的海运历史悠久，这些国家利用自己独特的发展模式在相当长的一段时间内主导了世界海运。首先，西欧国家以高度发展的技术及雄厚的资本为基础，发展了自己国家的海运。第二次世界大战以后，它们通过引入方便旗船、第二船籍制度及吨税等新制度谋求海运的发展。但是此时，西欧海运开始相对变弱。在此期间，随着海运先进国家的技术及资本的国际化，越来越多的发展中国家也加入了国际海运队伍。与此同时，发达国家为了继续保持自己的优势，不断引入新的旗船制度，率先进行海运税制的改革。但是，随着他们所采用的旗船制度及海运税制在全世界的快速扩散，发达国家的海运竞争力的提升暴露出一定的局限性。同样，另一个海运强国日本也面临类似的挑战。

日本海运的发展不同于西欧国家，它在二战前后都得到了长足的发展，这主要取决于日本先进的科学技术及坚实的资本基础。但是，日本能够成为世界海运强国也不是完全依赖技术与资本。日本海运模式，如船运公司集约化、计划造船制度及与货主的共生关系的建立等为日本海运的发展提供了保障。特别是日本货主共生关系的建立对日本迈向海运强国起到关键的作用。但是，日本的海运模式的优势也随着韩国、中国、新加坡等新兴海运国家的发展而被逐步削弱。目前，日本十分关注韩国的国籍船注册制度及吨税制，这与日本失去比较优势不无关系。那么，韩国的海运情况又如何呢？

韩国海运的发展在世界海运史上是值得骄傲的。韩国在过去的二十年间发展成为居世界第五位的海运强国。在如此短的时间内取得如此成果着实让人惊叹，而克服脆弱的技术及资本劣势取得这样的成果更为可贵。正是因为韩国海运参照了其他世界强国海运发展模式，从而克服了技术及资本上的困难。首先，船队扩充主要借鉴日本的计划造船制度和“光船租购合同”。船运公司大型化也得益于模仿日本海运集约化，采取了海运产业合理化措施。此外，由于迅速引入西欧国家海运制度，韩国海运才得以迅速发展。典型的例子就是引入了国籍船注册制度。这个制度主要模仿了西欧第二船籍制度。通过这个制度，韩国海运的对外竞争力在 20 世纪 90 年代的后半期得到了极大的提高。还有最近比较活跃的船舶基金也源于西欧国家，它将成为船队运输能力增强的核心模式。而从 2004 年开始实施的吨税制也是直接从西欧引进的。以上分析结果表明，韩国海运主要是成功模仿了海外发展模式而得到了发展。从另一个角度来讲，这也说明韩国海运还没有自己发展的模式。此外，这样的固有模式也预示着在未来韩国也会像西欧国家一样要面临严重的停滞状态。所以，海外发展模式不可能成为今后的长效机制。只有新的韩国式的发展模式才能打开韩国海运的成功之门。政府和企业必须根据基本国情，探索、树立新的、切实可行的发展模式。

世界海运趋势及韩国的选择

目前海运经济正处于长期繁荣阶段。预料之外的长期繁荣让海运企业受到很大的鼓舞。现在对海运经济前景持悲观态度的船运公司或专家寥寥无几。对海运经济持乐观态度的国家主要是中国。这是因为中国确信持续的经济发展将为海运的发展提供保障。同时，这种确信也促使世界屈指可数的海运企业进行不同以往的海运活动。实际上，大多数的海运企业正在为迎合海运的繁荣期而进行配置，同时也主导着世界海运趋势。但是，韩国海运不知是否因为 1984 年产业合理化的惨痛教训，目前仍然犹豫不决，不能够迅速融入世界海运发展中来。

最近，世界海运呈现出加大船舶投资力度的趋势。在这样的海运繁荣期，大型投资与过去的海运理论是背道而驰的。过去的理论认为海运繁荣期总是短暂的。因为在繁荣期船舶投资风险较大，所以应该适当控制。但是，海运企业无视这种传统的投资原则。最具代表性的是德国的船主。德国的船主们在2004年第二季度大量订购了67艘共16.3万TEU的集装箱船。日本的MOL公司在2004年初表示准备订购12艘大型集装箱货船。伺机进入韩国市场的NYK公司也在中期再建计划中宣布在2004～2006年内将扩充160艘船舶。伟大联盟(Grand Alliance)的成员MISC公司也通过向大宇重工业订购4艘8 300 TEU级的集装箱船而加入到了超大型集装箱船的订购潮中。另外，最近船舶扩充竞争也不仅仅局限于集装箱船。拥有AFRA型油槽轮最多的TK Shipping公司在2004年1月表示将新建6艘10万DWT级别的油轮。据前不久的报道，印度国有公司SCI新船计划的预算为4.4亿美元，包括VLCC 2艘、好望角型船(Cape Size)2艘、散装货轮(bulk carrier)6艘。中国最大的航运公司COSCO也在2003年7月向日本造船公司订购了2艘30万吨DWT级别的大型油轮。据报道，马来西亚的MISC公司也在2004年11月订购11艘LNG船。中国海运集团(China Shipping Container Lines Cargo Tracking)考虑在2004～2006年内将订购6～8艘VLCC，到2010年计划投资25亿美元用来建造15艘VLCC。事实上，全世界的船运公司正处在建造或计划建造船舶的高潮中。据报道，韩国的韩进海运及现代商船2004年分别订购了3～5艘集装箱船。但是，相对于其他竞争对手，这种规模显然很小。散装货轮方面，只有大韩海运订购了1艘17万DWT级别的矿石及石油混用船(Coal & Ore Carrier)。总的来说，韩国的海运发展没能跟上世界海运发展的节奏。

其次，除了船舶投资热，大型船运公司扩大规模是繁荣期世界海运的另一个发展趋势。在这一领域，最活跃的是 NYK 公司。NYK 公司于 2004 年成功打入韩国专用船市场，紧随其后又与尼日利亚签订了长期输送 LNG 的协议。这在日本海运业内尚属首次。MOL 公司也从 2004 年 2 月 1 日开始，投入 3 艘 1 000 TEU 级船舶，用来提供韩国与泰国之间的快速运输服务。另据报道，MOL 公司将参与中国政府的自由贸易区——上海外高桥保税园区项目。此外，MOL 公司还与中国 SINOTRANS 公司一起在中国广东省广州市共同建立了汽车输送合作公司。瑞士的 MSC 船运公司也与宁波港湾集团合作，参与建造中的位于北仑区两个集装箱船的共同运营。新加坡的 API 公司也与印度的集装箱公司 Concor 建立合作关系，打入印度集装箱货运站、内陆物流基地等综合运输市场。这种复合运输市场的开拓，不仅是在印度，在中国也非常活跃。由此可以看出，世界几家海运公司正准备在中国国内建立各种工作关系网络。像这种在过去的繁荣期罕见的海运公司的规模扩张是目前世界海运发展趋势，同时也是韩国海运需要思考和面对的课题之一。

最后，联想到最近世界海运的发展趋势，韩国不能忽视海运公司为减少成本所做的各种努力。MOL 公司为韩国提供了很好的实例。MOL 公司从 1998 年就开始了降低成本的工程。虽然海运市场持续繁荣，但在 2003 年 8 月他们决定将在 2003～2006 年内延续进行此工程。根据此项工程，MOL 公司果断采取裁减没有经济效益的部门等措施，坚决执行效益性为主的经营战略计划。日本的这一举措无疑为处在繁荣期的韩国海运提供了宝贵的经验。现在，韩国海运已经到了选择是否要融入世界发展潮流的关头了。

第四部

海运大国之梦

重新思考世界海运中心国的建设

韩国的海运产业正在动摇。虽然处于盼望已久的繁荣时期，韩国海运反而正在变得越来越焦躁。首先，一旦遇到海运繁荣期，韩国海运市场就会出现新增投资热。根据海洋水产部的统计，到 2004 年 6 月现存国籍外港船只数已超过 80 艘。前几年还不到 40 艘，短短几年增加了 2 倍之多。因为新加入的船运公司多为中小企业，所以它们将会与现有船运公司展开激烈竞争。在繁荣期，这种竞争处于潜伏状态。可是一旦到了萧条期，由于竞争激烈，一不小心将会导致全军覆没。现有的船运公司由于担心过度竞争的后果，所以当繁荣期到来的时候不能及时对船队进行扩充。结果有的船运公司由于错过了船队更新及扩充的时机，所以它的竞争力提升常常以失败而告终。

最近 POSCO 公司与韩国电力竟然不顾及国内的国籍船只，与日本海运公司签订了长期输送协议，这使韩国海运非常沮丧。据报道，POSCO公司已与日本 K-Line 及 MOL 公司签订了年输送量为 300 万吨的长期输送协议。韩国电力的子公司韩国东西发电公司（株式会社）也将年输送量为 150 万吨的煤炭输送权拱手让给了日本的 NYK 公司。这种国内大宗货物的输送权流落国外是韩国海运史上非常令人震惊的事件。因为这有可能使韩国海运的基石坍塌。韩国的竞争对手日本、中国都不存在把本国的大宗货物的输送权拱手他国的现象，显然这是一个非常明智的选择，甚至连美国也制定海运安保法来保障本国产原料输送权。那么为什么在韩国会发生这样的事情呢？对于这个问题众说纷纭，但是笔者认为韩国海运的非正常发展历程才是其根本原因。

对于韩国海运的萌生时期，每个学者的解释都不尽相同。有的学者追溯到日本统治时期，也有的将刚解放后的时期作为出发点。但是，真正意义上的韩国现代海运的萌发时期应为 20 世纪 60 年代初。在这个时期，政府整改了有关海运法规，并第一次提出了韩国海运的远景规划。当时制定的《海运振兴法》就是很好的实例。之后，这个法律在 80 年代中期被全面修改为《海运产业培育法》，一直延续到 90 年代后半期。《海运振兴法》及《海运产业培育法》顾名思义都以船队扩充为主。正是在此规划的指导下，韩国在短期内就成为世界第十位的海运强国。

从 20 世纪 90 年代后半期开始，韩国海运在没有特别的远景规划的情况下走到了今天。曾有一段时期，“建立世界海运中心国家”成了韩国海运的长远目标。但是，随着“东北亚物流中心化”成为国家的战略，“建立世界海运中心国家”的说法就销声匿迹了。后来，类似于口号的“有利于海运的国家”成为韩国海运的远景规划。在“有利于海运的国家”的观念下，政府在很大程度上放宽了对海运业的限制。另外，《船舶投资公司法》的制定以及“吨税制度”的引入等“有利于海运的国家”计划在很大程度上改善了海运环境。但是由于“有利于海运的国家”没能真正揭示韩国海运的目标，所以它不能作为海运的远景规划。没有远景规划，也就无法保障政府对韩国海运的政策倾斜，使韩国海运终究变成今天的局面。韩国海运要克服现在的难关成为国家基础产业，必须制定远景规划。关于“建立世界海运中心国家”的远景规划就是为了韩国海运的发展而重新提起的。崭新的海运发展是我们要共同思考的课题。

积极促进世界海运中心的建立

如今，企业要想生存，企业集团的协商能力比自身的实力更加重要。这在国内财阀联合会即全国经济人联谊会的作用和职能里得到了很好的体现。大韩工商会议所及贸易协会等主要经济团体的高楼大厦也是个别企业为了生存而故意炫耀的。各种协会或者团体内部能够接受政府高官降落伞式问候，无非是为了提高企业对外协商能力。实际上，在过去的 IMF 管理体制下，国内无数中小企业破产倒闭。这些中小企业倒闭的原因中，交涉能力差是一个非常重要的因素。最近，POSCO 公司和韩国电力不顾国内国籍船运公司的极力反对，将自己的货物输送权转交给日本公司，充分显现了韩国海运协作能力低下的现状。

海运产业的低谷来自大海。一方面，海运产业的主体是船员，而大多数船员常驻海上，团体行动权被剥夺。另一方面，海运产业各不相同，又分散在各个港湾，很难形成统一的团体。况且，海运各部门间领导权的争夺也会导致有关海运产业处于松散状态，尤其表现在造船工业和联运公司之间，这也是影响韩国海运产业地位的主要原因。例如负责电子商务的是商工资源部的主要商务部署，商工资源部又被交通建设部门管辖，而造船和联运都是由海运派生出来的企业，所以把造船和联运的管辖权转移到海洋水产部，完全可以得到协同配合的效果。但是达到这种效果可能性是很低的，如果海运产业想不出更好的对策，国内货物的国际运输仍然面临很大困难。那么这里说的更好的对策是什么呢？那就是海运集群的形成。

集群(cluster)是指企业和大学、研究所等在特定区域聚集形成一个统一的整体。一个集群中的有关企业和机关距离较近，以便频繁交流、增进了解、互通有无。通过拉近距离，不仅可以提高企业的竞争力，而且可以加强对外交流。可是以现有海运产业的特性，很难形成海运集群。这就需要以世界海运中心(World Shipping Center)为主建立海运集群。

世界海运中心是通过最新设计提供综合尖端技能服务的大型海运物流综合体系。它以韩国船主协会和韩国海运组合等海运及有关团体为中枢，政府可以在筹备阶段提供建筑物的综合构想以及设计等，如在建筑物中安置之前的企业以及有关团体和新的仪器设备，以便提高海运产业的地位和协商能力。具有代表性的安置对象按顺序排列如下：首先，设立以往安置船主协会和海运组合等海运以及有关团体，联运协会等物流团体，造船工业协会等造船及有关团体，韩国物流信息通讯等海运信息公司，海运及物流相关公司，海上产业劳动联盟以及海运劳动组合等海运、港湾劳动团体，韩国海洋水产开发研究院等有关海运研究机构，相关国际海运机构驻首尔办事处，世界主要港湾联络点等。其次设立港湾人力研究所、海运培训中心、海运物流专业大学、海事仲裁员以及其他海运合作机构等新兴机构。通过这些可以进一步促进韩国海运事业发展，成为名副其实的海运集群，以便维护大宗货物的国际输送权。可以说韩国海运的未来取决于世界海运中心的建立。

构建全球化海运网络

世界开始进入构建全球化海运网络的时期。全球化海运网络的构建是物流中心化策略的终端，也是提升国家竞争力的关键。首尔大学的宋丙洛教授曾提出："世界九大总公司设在日本的贸易公司均是日本企业，它们正通过在世界主要城市设立的分公司构建国际贸易网络，而中国是通过几乎覆盖全世界的华侨来形成国际贸易及信息网络。美国则是通过分布在世界各个城市的银行和保险公司以及 IBM、Coca Cola、KFC 公司形成全球金融数据库和贸易网络。"那么，韩国的全球网络是什么？

对于这个问题，宋教授没有给出具体的答案，只是在字里行间写道："如同日本，韩国将企业团体作为全球网络构建的主体，但是从最近的国内企业状况来看，这种可能性非常渺茫。"不少韩国企业执意提出要建立韩国全球化网络，KOTRA 分布全球的贸易点近似于全球化网络。目前，KOTRA 在世界八个地区拥有分公司，运营着 75 个国家的 103 个贸易点，规模庞大，况且，KOTRA 运行项目多样化，包括海外市场开发、贸易洽谈、博览会的举办等。但如此庞大的组织和多样化的项目却不能与之前所说的日本、中国及美国的全球化网络相提并论，主要的原因在于，KOTRA 作为政府代行机关，信息网络的特征过于突出，而 KOTRA 并不直接参与物资和劳务交易，网络的效果不能及时体现。因此，如果说韩国还没形成具有竞争力的全球化数据库也不为过。那么，现阶段韩国急需构建的全球网络应该是什么？针对这个问题的解决方案有很多，但笔者认为更应从国家经济结构的角度出发考虑这个问题。

首先，韩国的物流中心策略是韩国政府强行推进的。这个策略的首要目标在于部分吸收同周边国家交易过程中产生的物流附加值。但从长期来看，把韩国打造成为东北亚的物流基点才是物流中心化的根本目标。因此，必须构筑连接世界各地的全球海运网络。另外，韩国经济较强的对外依赖性也迫使其需要构建全球海运网络。据统计，韩国同世界 200 多个国家发生贸易往来，其中 99.7%是通过海运进行的，海运可以说是韩国国民经济的命脉。但进出口的航线上，韩国国籍船所占比重不到 20%，其原因之一在于韩国的海运服务集中在干线海运上，在地中海、中东、非洲、南美等区域的定期船航行却并不活跃。要想让韩国的国籍船在这些地区起航，就必须加快构建全球的海运网络。我们提出以下构建方案：第一，韩国的船主协会应同贸易协会联手共同探讨对未起航地区开设航线的可能性，然后再与政府一同确立全球化的海运网络构建方案。第二，定期航线的开设，初期需要大量的资本投入，因此，政府要确立针对航线开设的特别资助政策。资助对策的核心为初期的运行资金和确保船舶所需的低息贷款，以及定期保全运行损失的补助金的支付。第三，目前的定期航线需要有提高船舶运行和货物装卸效率的专门港湾通道。但是韩国的船舶公司投资能力有限，必须由政府出面修建港湾通道并委托韩国船舶公司运行。最后，要建立有关航运交易及信息交流全球化的海运中心、贸易中心，使海运和贸易得到最大的成效。

以上简单介绍了全球化海运网络的构建方案，政府应积极推进物流中心策略，因为韩国的未来与全球化海运网络的构建息息相关。

关注东北亚海上客运市场

东北亚已成为世界最大海上客运市场，下一步需要完善主导该市场的积极的外航海运政策。回顾韩国的外航海运政策，主要形式是货物运输，这是短时间内为达到经济开发目标必须做出的选择。而这种选择对韩国出口依赖性经济的发展是有效的。最近，中国海运的活跃再次表明以货物为主的外航海运政策的重要性，全球性的物流中心策略是针对中国实施的。而中国的凸显在另一方面扩大了韩国和日本国家之间的交流，增加了对外航海运政策的关注，那就是构建东北亚海上客运市场。

1990 年 9 月，中、韩车辆渡船航线开设之前，外航客运在韩、日航线上运行有限，而且韩、日航线客运是由日本船舶公司全权主导的，没能引起韩国外航海运政策的关注。但是中、韩车辆渡船航线的开设使东北亚的海上客运数急剧上升，迫使韩国改变海运经济发展战略。

中、韩海上客运始于威海-仁川间航线的开设。开设的第一年只运送了 9 000 名旅客，1993 年之后，新航线的开设火热进行，目前已有 16 条航线用于中、韩海上客运中，海上旅客年年增长，2003 年达到 52 万人，2004 年上半年接近 37 万人，与前一年同期相比增长了 70%以上。照此下去，再过几年，中、韩海上客运总数将会突破 100 万人，韩、日航线海上客运的增加也不会例外。

韩、日客运航线历史悠久，尤其是在 1991 年日本的 JR 会社在海上客运航线上投入高速船客运之后变得更活跃。之前的韩、日间海上客运用的是车辆渡船，旅客数不及 3 万人。高速船的投入使旅客数急剧上升，实际上从 1990 年末起不到 10 年的时间里韩、日海上旅客数已经达到了 30 万人。这样的变化引起了韩国政府对韩、日间海上客运的关注，政府决定在韩、日航线上投入国籍船舶。责成韩国大宝海运于 2001 年向韩日客运专线投入高速船，2002 年大宝海运的子公司未来高速（株）向釜山-福冈客运航线投入了第一艘高速船，从此韩、日海上客运迎来了新的转机。

目前，未来高速（株）在韩、日航线上投入运行了 3 艘高速船。这些船舶克服初期的困难，同日本船舶进行对等竞争。据 2004 年 7 月末的统计，比起日本 JR 会社输送的 19 万旅客，有 12 万人利用了未来高速船，加上其他车辆渡船输送的旅客数，韩、日海上旅客数高达 55 万人。在韩国没有察觉的情况下，以韩国为中心的外航海上客运航路已成为世界最大市场。

因此，为主导这些市场需要国家战略，也有必要进一步扩展外航海运政策，故而提议采纳“东北亚海上客运中心国家建设”作为实现国政新目标的方案之一。

综上所述，海上客运事业是韩国在21世纪比较优先发展的产业。东北亚海上客运市场的潜力也日益扩大。从东北亚的地缘政治学特性上考虑，韩国具有较大的潜力发展成为东北亚海上客运市场的中心。因此，要尽早树立并推进以中、短途超高速客船的开发和国籍客运船社的活动援助为首的计划。

第五部
关于海运政策的建议

规范海运及相关企业的名称

韩国海运正处于鼎盛期。不仅是韩国海运企业，就连相关产业也迎来繁荣期。因此，几年前只有数十家外航海运企业，如今已激增至近100家。这期间曾经停滞的海运代理商和海上货运代理公司也有增加的势头。据2004年韩国海运新闻（株）出版的《海运港湾公司电话簿》中登载的公司数已达到2 000家。如果再加上尚未登载的零碎行业和船员相关行业等有关企业，其数字远超过3 000家。但是这些海运及有关企业名称却是千差万别。相当一部分的海运及相关企业使用的商号与提供的服务内容相差很大。这种不一致会给兴旺的海运业带来种种弊端。

上文涉及的电话簿中也出现了海运、商船、船舶、Line、Marine、Maritime、物流、Logistics、油业、高速、Ferry、航业等很多的商号，光靠商号名称很难识别企业的服务内容。还有一些公司打着“海运”的旗号侵犯其他领域扰乱市场秩序。

登载在电话簿上的采用“海运”招牌的公司就有526家。但实际参加海上运输的企业只不过是178家。剩下的350多家企业是海运代理店（171家）、海运中介（40家）、海上货运代理（119家）、港湾装卸业（6家）、港湾服务业（8家）、拖船业（4家）等，它们都使用了“海运”的招牌。更有甚者盗用海运商号直接参与海运营业。那为什么会发生这种名称混乱的情形呢？可以从以下两个方面回答此问题。

第一，因为关于海运的定义还没有形成。虽然海运是海上运输的简称，但是随着理解的不同其含义也会发生变化。比如说有些学者把海运定义为“以船舶为手段在海上产生的以人及财富的移动为目的的运输服务”。根据此定义，船舶和船员是海运的主体，只有船舶及船员管理公司可以使用海运公司的名称。有些学者把海运定义为“对人和货物进行场所移动的服务行为”。这样的定义接近流通或者物流的概念。如果这样的话，海上货运代理公司、海运代理店及海运中介公司等可以看作是海运企业。但根据海商法或者韩国海运法的制定宗旨，海运必须是商业行为的一种。因此最合理的海运定义是“在海中利用船舶或者其他输送手段输送人或货物而获得代价的商业行为”。也就是说只有收取海上运送费的企业才可以使用海运公司的名称。

第二，企业名称的乱象，究其根源在于韩国的相关法律。首先，从《海运法》（2002年2月11日法律06774）第二条中可以看出海运并不限定在海上运送事业中。雇佣船舶、海运中介业、海运代理店、船舶租赁业、船舶管理业等与运送相关的行业也一样被看作是海运业。因此这些相关行业使用海运商号名称也不触犯法律。再有，形成国家政策框架的《标准产业分类》（统计部告示，2000年第八次修订）也规定海运产业包含拖轮运营和游览船租赁等产业。因此可以判断，韩国的法律法规默认海运相关公司可以自由使用海运公司名称。但是就像上述所提及的，这不仅仅是简单的使用类似名称的问题，有些企业打着海运公司或者船舶公司的旗号从事非法海上输送活动，从而扰乱海运市场和运送业的秩序。韩国海运一到经济不景气时就表现得非常脆弱，这是因为为数不少的无资质企业过多地参与海运活动。因此有必要通过修改法律来限制这样的活动，对海运及关联企业的名称使用进行规范，制止这类现象的再次发生。健全的市场秩序是韩国海运赖以生存的根本环境。

国家统计和韩国海运的未来

高水准的国家统计是正确地掌握国民经济以及制定相关政策所需的必备条件。韩国海运在国民经济中发挥着重要的作用，为了海运业持续健康发展，当务之急是提高国家统计水平。

很早以前就提起过改善海运统计现状的必要性。1984 年，海运产业合理化组织谈论过这个问题。当时海运主管部门海运港湾厅责成下属研究机关“海运技术院”着手制定改善海运港湾统计体制的方案。不过由于对于海运产业缺乏全面的认识，海运统计改善尚未取得进展。由此也可以看出政府对海运产业的政策倾斜较之别的部门相差甚远。纵观国家财政预算，不难看出整个产业部门中海运业的地位。

2005 年海洋水产部财政预算是 31 204 亿韩元。其中接近 57％的 17 636 亿韩元是用于港湾建设及其配套设施的，占据

28%左右的 8 642 亿韩元被分配到水产部门。而海运部门财政预算只不过是 900 亿韩元，还没达到海洋水产部门总预算的3%，而且这 900 亿中几乎找不到与外航海运的发展有直接联系的预算。由于这样的预算分配背景，海洋水产部自成立以来，海运关联部门就持续地被缩减。照这样下去，韩国的国家海运政策也将遭到取缔的厄运。重新审视国家海运统计的重要性就在这里。

目前韩国政府认可的国家统计达 470 多种。其中海运的统计报表只有建设交通统计年报、海洋水产统计年报及运输业统计调查报告三种。不过这些统计中收载的内容都没有反映整体的海运产业。建设交通统计年报由于其主管部门的性质，收载的内容仅限定于旅客及货物的海上输送。运输业统计调查报告的调查范围也只限于旅客及货物的海上输送和港湾内运送业，而且此报告书每五年发表一次，因此很难确保它的时效性。而连主管部门刊出的海洋水产统计年报也存在不能包括海运产业的局限性。该年报比起别的统计，收录范围虽然较广，但除了船舶出入港统计外，仍然是以海上旅客和货物统计为主。因此，从国家统计的角度上看，海运产业被缩减成了海上旅客及货物输送事业。雇佣租借船、海运中介业、海运代理店、船舶租赁业、船舶管理业等与海运相关的产业被排除在外。此外，与海运直接相连的装卸业、浮船业、仓储保管业、检查检验测量业等被划分成港湾输送事业，其他渡船业、P&I 保险、海上货运代理业、加油、加水、通讯业、拖船业、船上用品及船上食品供应业等很多海运相关产业，在国家统计中区分得也不明显。

海运业在国家统计中没有正确反映出来，其首要原因在于统计厅公布的韩国标准产业分类法不够完善。根据该分类法，海运产业仅包括内港旅客、货物输送业和拖船运营及游览船租赁业三个部分。因此，多样化的海运活动从产业分类中被遗漏，因而没有完全地反映出海运产业的实相，从而导致了在国家政策中海运产业地位下降的结果。为了防止海运产业进一步萎缩，海运产业主管部门和行业应该挺身而出，以改善国家海运统计制度为出发点并从中寻找拯救韩国海运的答案。韩国海运统计关系到韩国海运的未来。

海运业与国家代表性港湾的名称

每个国家都有代表自己国家的港湾。各国的代表性港湾对本国海运发展起着举足轻重的作用。因此，发达的海运国家的代表港湾历史悠久且名称单一。代表韩国的港湾是釜山港，这个代表性名称将会持续相当一段时间。因此在给釜山港之外的港湾命名时需要慎重。

但是最近为了扩大和提高釜山港的功能，在加德岛建设中的港湾命名过程中，出现了意见不统一的现象。为此连总统也出面表示“因港湾名称出现纷争不是一件值得鼓励的事情”，并要求“尊重各方的利害关系，但海洋水产部必须持自己的立场来决定”。加德岛建设新港湾的利害关系方指的是谁呢？表面上来看，是指因名称问题正闹纠纷的釜山市和镇海市。但这个将会成为韩国第一贸易港的加德岛新设港的利害关系得从广义的范围分析。也就是说，如果此次新港湾的建设代表着扩充韩国第一海港釜山港的功能的话，就不能以单纯的地理位置衡量他们的利害关系，而应该从全局的层面上去考虑利害关系。从国家的层面来考虑，加德岛的新设港湾名称理应把国家海运的发展放在首位。

实际上釜山港吸收了很多地方，分4个区域港，通常将各区域称为北港、南港、甘川港、多大浦港。但是各个区域港不是独立的港湾。因此，作为区域港，包括提单在内的各种海运关联的材料上，它们没有资格擅自开具提货单等海运证明。此外，区域港可以有自己单独的名称，不过大多数都是以码头的形式。以北港为例，这里分散着神仙台码头、戡蛮码头、新戡蛮码头、牛岩码头、子城台码头及以往的中央码头。由这些码头和区域港构成了整个的釜山港，因而只有釜山港这个名称才能代表韩国的港湾。因此如果考虑釜山港的代表性，加德岛的新设港也应成为釜山港的一个港区，也只有这样才能维持釜山港国家门面的地位。

这就是说加德岛新设港的对外名称也只能是釜山港。仅仅出于地理位置和运营商的方便给港区或码头单独命名是不必要的。首先，区域港类似于北港、南港、甘川港、多大浦港，应采取与地方政府无关的命名，换句话说，直接进行命名即可。在码头的命名上，与地方政府间达成协议是一个好方法。

总之，国家代表性港湾越是维持其历史性和品牌，就越能对本国海运做出贡献。在代表韩国港湾的釜山港紧邻的地方又建设一个与其平起平坐的港口，这是一件有损于釜山港的历史性和品牌价值的事情。因此，对于加德岛新设港的命名，釜山市和镇海市应慎重考虑。我们要铭记，没有本国海运的发展，港湾发展也就无从谈起。

海运旺季和海运市场秩序

海运旺季长时间持续，政府关心维持海上运输秩序的时机已经成熟。

维持海上运输秩序是国家海运政策的重要目标之一。规范海运的代表法律《海运法》(2002年12月11日修订法律第6774号)也强调了这一点。《海运法》第一条是这样表述制定该法的目的的：

“本法的制定旨在维护海运秩序，确保公平竞争，规范海运市场，促进经济发展，提高公共福利。”

根据上述目的，维持海上运输秩序是为了发展国民经济和增加公共福利而实行的最基本的政策目标。但是，目前政府还没有出台海上运输秩序的明确定义。因而维护秩序的对象也尚未确定。假如维持秩序只是针对海运业企业主的要求，那该法中的几条条款就算是维持海运秩序的内容。

对于海运业企业主的控制不严是一个典型的严重弊病。不久前海运业还执行了严格的许可制。但是，20 世纪 90 年代中期，海运业以韩国成为 OECD 会员国为契机，解除了对所有产业的制约政策。比起别的行业，对海运业的控制全面缓和。20 世纪 90 年代后期，海运业除了海上旅客输送外，将许可制转换成登记制，只要具备法律规定的条件，任何人都可以从事海运业。海上客运即使属于许可制范畴，在所谓脱控制化的环境下也很容易拿下市场准入证。再加上最近海运市场的长期兴旺，新进入海运业的企业逐渐在增多，这种现象将会持续。

市场的繁荣使得海运业吸纳新进者不成问题。但是众所周知的是，韩国海运市场具有相当的封闭性，进入萧条期便会出现过度竞争的现象，而且也有过此种经历。因此在具有稳定的海运市场行情的当前，有必要密切地关注韩国海运市场的供需状况。特别是对于市场封闭性相对大的中韩、韩俄及韩日航线的需求状况需要一个充分的预测。根据需求预测，政府要制定相关政策，控制潜在力量的市场准入。

政府制定与控制市场准入相关的对策不是一件容易的事情。但是，近海航线到目前为止仍是政府特别管理的海域，因此还可以适当调节市场供需。特别是中韩及韩俄航线的大部分是在两国政府合作公司的参与下运行的，因此与这些国家合作更有可能达到控制目标。

总之，长期旺季时，我们必须适时推出对潜在力量的控制对策。过去在旺季时因潜在力量大量涌入海运市场，从而造成危机频发的不利局面，作为国家海运政策的目标，再怎么强调政府对维持海上运输秩序的关注度也不为过。

加强对韩日高速客运航线的管理

韩日高速客运正面临转型期。韩日海上高速客运是从1991年日本的JR九州高速船株式会社把超高速船Beetle 2号投入釜山-福冈航路开始的。之后，JR九州高速船株式会社于1998年、2001年及2003年先后投放了3艘新船，主导了韩日间的高速客运。与此相反，韩国船社是直到1998年才参与这条航线的经营。当时代替韩国铁道厅的韩国高速海运株式会社从海洋水产部取得了釜山-福冈的海上客运许可。取得许可后，韩国高速海运把JR九州高速船株式会社的1艘超高速船以定期用船的形式租赁了过来。但实际上，JR九州高速船株式会社是该航线的主体，韩国高速海运只不过是代理其韩国业务的韩国代理店。因此，韩国国籍船舶公司直接跻身于韩日客运业是从2002年2月大宝海运株式会社的子公司未来高速投放的韩国籍船舶 Kobee 1 号开始的。Kobee 1 号之后又增加了

Kobee 3 号和 5 号，目前有 3 艘韩国籍船舶在釜山-福冈航线与日本 JR 九州高速船株式会社所属的 4 艘船激烈竞争。这样的过热竞争给韩日两个公司带来了沉重的赤字。JR 九州高速船株式会社 1991 年至 2003 年累积了数百亿韩元的赤字，未来高速的累积赤字也达到相当的数目。如果按着这个趋势发展下去，竞争力相对薄弱的韩国国籍船会遭淘汰。韩国国籍船社在船市场中撤退是 JR 九州高速船株式会社所希望的，其屡次拒绝未来高速的共同运行提议就已经表明了这一点。

JR 九州高速船株式会社拒绝韩国未来高速的提议有他们的理由。首先，JR 九州高速船株式会社实际上是日本国营船社，因此，累计赤字对企业的信用来说不是问题。再有，作为一个领导企业，它的人力、物力、基本建设比韩国国籍船优越。此外，JR 九州高速船株式会社拥有最尖端的高速船运航及信息技术，有与韩国国籍船社一决胜负的野心。这对于作为民间中小企业的未来高速来说是束手无策的问题，但最终韩国政府将会出面解决此问题，因为韩日高速客运航线稳定与国家利益直接相关。

2001 年 6 月海洋水产部把大宝海运株式会社指定为釜山-福冈超高速船投资者，主要是考虑了海上韩日客流增加的实情和投入韩国国籍船的必要性。实际上釜山-福冈间超高速船乘客自从航线开通后以每年 20%的速度增长。2003 年 45 万名游客乘用了超高速船，乘用飞机和渡轮的游客反而相对减少了。

我们有必要关注最近与超高速船乘客的增加尤其相关的韩

国游客显著增加的现象。过去的5年间，超高速船的日本乘客只不过增加了50%左右。但是，同期韩国乘客增加了5.8倍，每年的增长率是60%。韩国乘客的增加是因为一系列的环境变化，这种趋势将来也会持续一段时间。最近常提到的例子是2004年4月开通的高铁（KTX）扩大了对韩日间超高速船的需求。再加上，随着一周五日工作制的扩散，韩日间超高速船的韩国乘客也会逐渐增加。因此为了平稳地满足这些超高速船的需求，维持航线秩序是先决条件。维持航线秩序还需要韩国政府的全新的航线管理。

政府的航线管理核心是和航空一样要行使航线主权。航线主权可以用很多方式解释，但可以分为公平配船和禁止对运营船舶差别待遇。公平配船是指政府出面调整船舶的投放，尽量避免在同一航线某一方因拥有压倒性的输送能力而具有垄断地位。禁止差别是指政府为了避免本国船舶在航行中，特别是在对方起航地受到差别对待而加强对本国船保护的对策。目前，韩日间超高速船航线中，韩国国籍船受到日本船社的优越的地位和在日本起航地的差别对待，竞争力处于劣势。因此，对高速客运航线，韩国政府应该积极地行使主权。今后，对超高速船，政府应该制订综合性发展计划。尤其是对韩日间的超高速旅客船的管理已经成了政府的当务之急。

公益企业和国籍船运输权

韩国电力、POSCO 以及韩国天然气公司是韩国最具代表性的公益企业。公益企业的服务对国民生活是不可或缺的，其供需的垄断性很强。公益企业的首要宗旨就是为国民服务，因此需要把私人企业彻底的商业性管理和提高效率的长处最大限度地反映到公益企业的经营战略上。但是，作为受公共制约的经营组织体的公益企业，其最终目标是实现公共性。

尽管公益企业具有如此二重性，但最近 POSCO 和韩国电力因与日本船社缔结了长期海上输送合同而引起了社会的争议。众所周知，POSCO 和韩国电力从海外进口大量的原材料。

POSCO、韩国电力与日本的运输合约引众议

前段时期两个公司相当一部分的进口原材料一直是利用国

籍船运送的。POSCO与37艘国籍船签订专用线合同，每年进口4 500万吨的铁矿石，这个量是POSCO进口总量的75%。韩国电力也利用12艘专用船，每年进口1 700万吨的煤炭，进口量占全体总量的43%。实际上POSCO和韩国电力的大部分进口原材料确实利用韩国的国籍船运送。但是对于本国的大批货物，在运输方面使用本国国籍船的比重，韩国与日本、中国等国家无法相比。这些国家除了一些少量的零散货物外，国内货物全都用本国船舶运送。与此相比较，作为韩国的代表性公益企业POSCO，在2004年5月份竟把一部分的运输权转给了日本的MOL公司和K-Line公司。这两家日本公司与POSCO签订了长期输送合约，每年往韩国输送300万吨的铁矿石。随后，韩国电力的分公司东西发电所与日本NYK公司签订了18年的长期运输合约。NYK公司每年运输给东西发电所的煤炭总量有150万吨。这是不可小觑的货运量。但是，当事者POSCO和韩国电力都否认这一点，主张这次运输权的海外转让并没有对韩国海运造成任何影响，甚至认为“不坚持一味的国家利益优先主义，是一个普遍的业务过程之一”。这意味着POSCO将会因为运费便宜一直把运输权转让给外国公司来负责。发生这样的事情，作为公益企业POSCO能被国人容忍吗？这个答案应由另一个公益企业韩国天然气公司的案例来回答。

与韩国电力和POSCO相比，天然气公司是后来才发展起来的企业。作为后发企业，天然气公司非常迫切地需要节省进口天然液化气（LNG）的运输费。但韩国天然气公司面对外国政府和船社的压力和贿赂，还是与运价相对来说较高的韩国国籍船公司达成专用船运输合约。因此，韩国造船公司铸造了17 艘 LNG 运输船。最终韩国造船公司确保了世界最先进的 LNG 船舶造船技术的同时，韩国的国籍船公司也积累了 LNG 船航运的经验。

大宗货物的国籍船运输权紧迫

以前韩国造船席卷了世界 LNG 船的铸造市场，这完全是运输大宗货物的国籍船体系带来的产物。除此之外，利用国籍船公司运输 LNG 船的体系创造了很多的工作岗位，给造船及附属产业带来了划时代的发展。特别是在提供工作岗位方面，国籍船运输体系功不可没。

一般来说，海运产业被认为是雇用效果低的产业，但这是对海运不理解的认识。海运不局限于单纯的运输。在韩国，依赖海上运输的产业链的企业已经达到一万多家，而规模庞大的造船及附属产业也是为满足海运的需求应运而生的。海运相关团体谴责这次 POSCO 和韩国电力运输权的海外流出，并非夸大其词。政府应该以制度的形式完善有关大宗货物的国籍船输送权的保障措施。保护大宗货物的国籍船输送权是当前的国家级课题。

第六部

海运经营新概念

海运繁荣期的经营技巧

现在是韩国海运业对于经营管理全力以赴的时候。由于国际船舶登录制度、船舶基金及船舶吨税制度等的导入，政府已经具备了非常完善的海运政策系统。因此，个别船舶公司的经营战略是企业生存的最核心要素。

海运经营的关键是船舶投资。以往船舶投资大部分是被政府政策左右的，但如今船舶投资依赖政府的时代已经不存在了。现在投资时机和规模完全由船舶公司自己来决定。船舶公司对于海运经济的展望的敏感反应与这种决策模型的变化有一定的关联。

最近，跟海运经济展望关联的长期旺季论在业界鼎沸，这个观点是 2003 年在一个座谈会上提到的。其内容是，根据中国海上货运量的增加，展望海上旺季会一直持续至 2015 年。对于这个展望的不同意见也相当多。但是与目前的船舶投资热潮相比，相当多的市场新进参与者也助长了这种长期旺季论的论调。但是根据目前的船舶投资热，更多的企业还是偏向于长期旺季论。

对于海运长期旺季论的赞同和反对的妥当性暂且搁置不论，长期旺季论本身是极端的看法。回想一下过去，对于海运景气的时间的判断最终被证明是错误的。1979～1981年海运旺季和1984年海运产业合理化措施之后的不景气就是典型案例。这两个时期被看成一种极端的旺季/萧条。尽管已有这样的案例，韩国海运到目前为止总是重复着过于乐观或者悲观的展望。

对于极端性的展望，我们可以把它看作是一个营销战略。实际上20世纪70年代日本船舶公司总是发表乐观的海运市场展望，但乐观见解的背后隐藏着他们想把破旧的船舶让韩国处置的不轨图谋。除此之外，传统海运国家的专门预测机构对未来也持乐观性的展望，目的就是开拓发展中国家的海运市场。

其实专家对前景的预测也没有什么可神秘的，他们的预测往往是非此即彼。市场行情瞬息万变，事实上谁也做不出准确的预测。那么在这样的市场中运作的海运企业的合理经营战略是什么呢？到现在还没有一个专家能很清楚地回答。只是为了努力适应未来状况，把投资级别调整到适当的水准才是最好的对策。

市场预测都是相对的，因此只能在广义上做出大概的预测。有这样的一个案例常被涉及，1984年石油价格是每桶28

美元，荷兰皇家壳牌公司做了一份价格回落时各种情景方案的报告。1986 年 4 月石油价格回落到每桶 10 美元。荷兰皇家壳牌公司就因为这份情景方案打破了危机。这就是我们海运经营者所要学的情景经营技法。与此相关，我们有必要重温一下号称现代管理学之父的美国经济学家彼得·德鲁克的话："与其依赖预测，不如制定随机应变的政策，以适应瞬息万变的市场。"

海运企业和风险管理

现在应该是韩国海运企业关注危机管理的时刻了。在这长时间海运旺季持续的节点上，最应该抓紧时间强化这期间疏忽的危机管理。

所谓风险是指生产目的与劳动成果之间的不确定性，包括两层含义：一是收益不确定性，二是损失不确定性。如果风险表现为收益不确定性，说明风险产生的结果可能带来损失、获利或者无损失、无获利；而风险表现为损失的不确定性，说明风险只能表现出损失，没有从风险中获利的可能性。风险和收益成正比，一般积极进取的投资者偏向于高风险，以获得更高的利润，而稳健型的投资者则着重于安全性的考虑。

海运企业冒着很大的风险追求利润。当然随着企业规模和营业活动范围的扩大，个别企业面临的风险种类和内容会有所差别。海运企业面临的风险分为财务风险和经营风险两大类。

财务风险有流动性风险、利率风险、货币风险、信用风险、股权风险等。对于这种财务风险负担，相当一部分韩国海运企业依赖于政府。但 20 世纪 90 年代中期以来，随着对海运产业的监管放宽，海运企业开始自行承担财务风险。

海运企业的经营风险的种类和内容也很多。这源于海运经营复杂的租船形态。海运被认为如投机一样存在着风险，是因为它与各种各样的租船营业风险相伴。此外，还存在市场占有率风险和库存风险。这些经营风险与以往有所不同，随着中国海运实力的增强，给韩国海运企业带来了巨大的压力。如果目前海运旺季局面一旦发生逆转，韩国海运企业将会同时面临经营风险和财务风险。就这一点来讲，目前是韩国海运企业进行风险管理的最好时机。

所谓风险管理指的是企业尽量减少不利因素努力扩大有利因素的行为。这样的风险管理的核心是企业要认识到所面对的风险的性质，摸索出合理的对应方案。如果韩国海运企业不具备对未来风险作正确分析的能力，那就尽可能不要做风险大的投资。即使有这样的分析能力，对于风险大的投资也要慎重。因此在这个节点上，不要把风险集中在某一个投资项目上，而应分散在各个领域。另外，还应以改善财务结构为基础集中全力解除风险。

总之，韩国海运企业通过长期的积累储备了可以自立管理风险的能力。以这个力量为基础，借鉴过去的经验教训，分析未来可能会面临的各种风险，使韩国海运企业的风险管理再上一个新台阶。

海运企业和研究开发投资

现在韩国海运企业也应该关注企业研究开发（R&D）投资。目前，对企业来说，研究开发投资的重要性再怎么强调也不为过。在此之前韩国海运企业因持久的不景气和累计赤字，无法进行对研究开发的投资。但目前持续的繁荣，给韩国海运企业创造了许多有利的投资条件。

2003 年韩国海运企业的经营成果是史上最好的一年。韩进海运、现代商船等 6 家大型企业去年的赢利就已达到 17 000 多亿韩元，预计整个海运业的赢利额会超过 20 000 亿韩元，特别是外航海运企业不仅抵消了 1981 年以来的累计赤字，还确保了相当的投资能力。从韩国的船舶投资热中可见一斑。

韩国外航船舶公司的船舶投资自 1998 年经济危机后大大萎缩。经济危机之后，1998 年实际船舶投资为零。至 2003 年为止，国籍船公司船舶投资远不如中国、希腊和日本。但

2003年随着海运市况的改善，投资开始复苏，仅2004年一年就投资了35艘167万吨。这样的船舶投资热潮2005年还将一直持续下去。由此可见，韩国国籍船公司的投资能力还是不可小觑的。

虽然现在船舶投资相对活跃，但是韩国对海运企业的研究开发投资的关注相对来说较少。从韩国船主协会每年发表的外航海运企业的经营成果分析材料中也没有看到研究开发方面的投资。实际上连大型船运公司也很少提起研究开发投资。对于海运企业的研究开发不积极源于海运产业的特性。

首先，海运产业被认为是服务产业。因此，就连从事海运产业的人员也认为海运与研究开发无关。人们至今还认为海运产业仍然是国家主导型的产业。特别是在韩国，过去以政府主导的海运产业发展战略为人们所熟悉，因此没有认识到企业研究开发的必要性。除此之外，海运产业的资本集约型的性质影响了企业对研究开发投资的欲望。

研究开发投资一般指的是投资于实验研究和新产品开发等的资本。为开辟市场和招引顾客的资本支出也属于传统的研究开发投资范畴。最近，随着服务产业竞争的加剧，对开辟市场和招引顾客的投资占用了研究开发费用的很大一部分。在这一点上海运产业也不例外。实际上发达海运国家中都拥有海运咨询公司。如果海运企业不支付研究开发费用，像Clarkson、SSE、ISEL MRI等著名海运咨询公司也就不会存在。对韩国产生威胁的日本NYK公司的海运调查报告也是企业研究开发投资的产物。此类报告书往往会超越个别企业进而主导世界海运。与此类似的案例是 NYK 公司曾发表的有关自己公司战略的 “New Horizon 2007” 计划。依据此计划，NYK 公司至 2010 年将投资 130 亿美元购买 220 艘船舶。像这样的大批量船舶订单，最终将波及世界海运，导致船舶扩张竞争。

上述情况之外，日本船舶公司对发展中国家的援助计划也是韩国海运企业要关注的部分（研究开发投资）。如果不关注此类研究开发，国籍船公司的先进化将难以实现。因此，在这难得的海运业旺季，韩国海运企业必须正视研究开发投资的重要性，加大对海运研究开发的投资。

反企业情绪和海运经营

韩国海运已经面临对反企业情绪保持关注的局面。众所周知，韩国的反企业情绪是非常严重的。过去一个月，依据大韩商工会议所和现代经济研究院调查得到的结果，国民对企业的看法多少有点改善，但对企业的好感度连满分的一半也不到，仍然很低。企业好感度偏低主要出于人们对积累财富过程的疑惑和对企业活动的偏见。特别是对于积累财富过程，70%以上的国民认为企业参与了不正当经营。对于企业活动，43.2%国民认为企业应该把回馈社会放在优先位置。大多数国民对企业财富持否定态度。

国民对海运企业的好感度是什么水准呢？有关这个问题的调查报告尚未出现。不过根据此类状况，估计对于海运企业的好感度与一般企业差不多。首先，韩国海运企业长期以来受到政府的扶持，因此不仅是政府，就连普通国民对海运企业也没有太好的印象。其次，一些令人震惊的海运企业粉饰会计报表的行为引起国民的反感。最近，随着海运业持续繁荣，一些海运企业过分夸张所得利益，给人以虚张声势的印象。

相当多的国民认为最近几年来海运企业赚了大笔钱财。当然大型远洋船舶公司赚到了高于期待值的收益，可大多数中小型船舶公司的收益是有限的。即使是高收益的大型船舶公司，减去过去不景气时的赤字，这几年所赚的也不是很大的数目。然而整个社会却不这么认为，他们总觉得海运企业赚了大钱，所以理应与全体国民共同分享利益。海运企业的主管部门期待丰厚的奖金和月薪，一些政府官员和国民期待海运企业用所得利益回馈社会，少数社会团体想通过海运企业得到一些帮助。

如果上面提及的期待与要求完全不能兑现的话，海运企业的形象将更加受损。但海运企业也不能就这样向反企业情绪屈服，一味地出钱或捐助。所以，重新判断海运经营的缘由就在于此。

今天，资本主义经济体制的道德哲学要素几乎被打破，企业追求股东利益主张通过市场这只看不见的手实现社会利益。从这个观点出发，企业经营应从伦理道德的制约中彻底摆脱开了。只要具备一定的条件，企业利己主义可以正当化。可是现实是，具备这种条件很困难。1997 年经济危机之后，韩国的社会变革就是一个很好的例子。伦理经营不是说一定要考虑直接分配，因为海运的特殊性，直接分配方式的伦理经营反而会给社会带来危害。这里的特殊性是指海运经营的资本集约型性质和海运市场的不确实性。鉴于这样的特殊性，在分配之前海运经营应该首先完成资本积累和排除不确实性的投资。如果海运经营在这样的积累和投资中表现出积极性，那么应对海运企业的反企业情绪就不是问题。

对持续繁荣的战略性思考

目前人们对海运市场的展望全部都是乐观的。有这样的展望缘于中国。最近随着中国经济的活跃，原材料进口和产品出口规模超越了人们的预想，船舶不足现象正在加剧。但为了填补船舶不足而引进新船，最早也要明年后半期才可能实现，因此长时间的供需不均是不可避免的。如果这样的展望成为现实，那以往的海运经营理论就得修改了。

到现在为止，海运经营理论是以所谓“短期繁荣，长期萧条”的典型化的海运市场特点为基础的。就因这个特点，海运经营总是亏损大于盈利。实际上大多数船舶公司生存下来的原因都是注重成本压缩。这意味着海运企业的存活不需要特殊的战略思考。在短暂的景气和长期萧条的市场中，对于海运企业家来说，降低投资成本才是其战略核心。但是随着旺季的延长，单纯的成本压缩并非是万全之计。旺季时即使提高成本也能创造出利益，因此与淡季不同，需要长远的战略。持续繁荣的条件下，战略性的思考是必需的。

所谓战略性的思考是，认知到对手的领先意图，掌握比对手早一步进入市场的技术。市场进入旺季会导致市场参与者的增加，如果没有战略性的思考就不能分享旺季的硕果，因为只有战胜对方才能确保利益。那么旺季时的战略性思考是什么呢?

以往的海运经营理论把不景气看作是正常市场，这样的市场不确定性不大。但是景气时，状况就不一样了。首先是经营人的目光从成本转移到利益上。利益总是与不确定性伴随，因此景气时，战略性思考的核心就是处理好投资的不确定性。即使是非常好的市场状况也不会有100%利益。旺季也有短暂的调整，新参与者往往会受到损害。海运的特点表明，即使是在长时间的旺季，也无法判断出什么时候会出现市场暴跌的情况。因此越是旺季，分散投资风险越是显得重要。与风险分散有关的证券投资中有财务战略，这个战略就是分散投资，如把投资资产分为存款、有价证券及不动产三个部分来管理。实际上在1979～1981年的旺季时，韩国的国籍船船舶公司曾有过集中投资于大型船舶而导致大亏损的教训。这是一个提醒关注旺季财务投资风险的重要性的有价值的教训。

旺季时应对不确实性的另一个方案是“追随带头人”战略。比如说，在前方领先的游艇模仿其后追随者的战略的情况经常发生。这是因为，确保领先的最实际的方法就是无条件地模仿紧随其后的船。这个战略对于拥有大型船舶的公司来说意义很大。但对于中小船舶公司来说，追随战略却意义不大。与其他产业类似，韩国的中小船舶公司通过技术革新或者是新的创意来分出胜负是最好的战略选择。

最后，关于针对不确实性的对策方案，笔者想强调一下游戏理论："如果以个别或单独的方式做出决策，对于整体来说不会是一个圆满的结果。"回顾韩国海运短暂的发展历程，国籍船公司没有从整体上看到世界海运，只在乎韩国市场，采取个别决定的事情时常发生。其结果就是国籍船公司之间的竞争比任何一个国家都激烈，最终导致了一些船舶公司的破产。

总之，这次旺季的长期化会给韩国海运带来新的机会。但如何把握这个机会却要靠海运企业人的战略性思考。"战争可以按时发动，却不能按时结束。"对于正值旺季的海运企业人来说，马基雅弗利的这句话是无可否认的至理名言。

韩国海运应该关注价值革新

韩国海运正面临着内外夹击的局面。对内，韩国正面临经济结构的变化。韩国制造业从 20 世纪 90 年代后期开始陆续向海外流出。这种流出随着中国经济的快速增长会加剧，从长远来看，韩国海运需求有可能陷入停滞状态。最近也报道过韩国的一流产品的数量正在减少，这对韩国海运来说是个不利因素。韩国的一流产品曾领先于中国。但在世界市场中，韩国的一流产品只不过是中国的十四分之一，数量大大地减少了。如果韩国的商品在与中国的竞争中持续处于劣势，韩国的商品输出也将随之减少。这样的减少不会有利于韩国海运。

外部环境的变化更加逼迫韩国海运。来自外部的逼迫，第一个就是中国。韩国东北亚物流中心化战略就因中国经济的崛起而处处碰壁，这是最为代表性的实例。如果我们分析一下中国的发展步伐，就会怀疑韩国能否顺利实现预期的目标。至

2011 年，中国在包括宁波、青岛、上海、大连在内的主要港湾构建规模庞大的物流基地，计划投资 100 兆韩元规模的资金。如果按计划推进的话，原打算经过韩国港口的中国物流将会成为泡影。不仅如此，为了货运资源韩国船舶可能更多地选择在中国的港口停靠，从而欧洲及东南亚的物流都要向中国集中。

中国的船队规模是世界之最。不仅于此，中国船队每年还在大幅度的增长。日本也不甘心落后，热衷于船队的扩充。有关日本船队的扩充，NYK 公司就是一个很好的例子。据报道 NYK 公司将在 2007 年前后计划增加投入 160 艘船舶，这相当于韩国外航船队三分之一的规模，数量相当庞大。这样的船队扩大计划给其他的日本船舶公司也带来影响，因而导致日本海运势力的扩大。这些最终都导致韩国海运将遭受中国和日本的夹击，立足地越来越小。

综上所述，处于这些内外夹击的环境下，对于货物、资本及成本竞争力相对薄弱的韩国海运来说，以日本和中国为对手确保竞争优势，长远来看是没有胜算的。这让韩国海运左右为难。有没有办法摆脱这种左右为难的困境呢？不久前韩国经济新闻介绍过的价值革新理论可以用来回答这个问题。

价值革新理论是欧洲顶级的经济学院欧洲工商管理学院（INSEAD）的 W. Chan Kim 教授和 Renée Mauborgne 教授倡导的，1998 年在达沃斯年度论坛中首次亮相。这个理论的核心用一句话概述就是：“与其在竞争中取胜不如创造出没有竞争的新市场。”即超越以往的服务和产品，以顾客和潜在顾客为对象提供飞跃式的新价值商品，开辟与以往不一样的崭新市场。如果韩国海运采取这种价值革新理论作为长期战略，就可以得出下述实践对策。韩国海运没有必要抱有占据或可以超越日本或摆脱中国的强迫观念，取而代之的是，提供立足于新型模式的韩国海运所独有的价值飞跃式的海运服务。

总之，韩国海运随着中国的快速发展和日本的跳跃式发展而遭遇难关。为了克服此难关，韩国海运需要新的发展模式。构建新的发展模式不仅仅是个别船舶公司的事情，学界、研究机构及政府应该共同关注价值革新理论。韩国海运只有发生质的飞跃才能走出目前的困境。

外航海运黑字经营和企业改善

韩国外航海运企业 2002 年至 2003 年又创造了黑字新高。2004 年海运市场仍出现较好的势态，虽然油价不稳导致市场不确定性因素增加，但是没有巨大异变的话，外航海运将会实现史无例外的持续三年的黑字经营。现在，通过各种指标已经可以看出这个可能性。首先，作为韩国大型船舶公司的韩进海运和现代商船今年上半年实现了 3 936 亿韩元和 2 601 亿韩元的营业利益，规模比较大的大韩海运和 SK 海运也实现了 1 264 亿韩元和 811 亿韩元的营业利润，甚至中小企业兴亚海运和世洋船舶也达成了 58 亿韩元和 121 亿韩元的营业利润，整个外航海运进入了黑字经营时代。长期的黑字经营实际上给外航企业提供了企业自我改善的良好机会。

回顾韩国现代海运史，除了几次短暂的繁荣之外，一直是在不景气中挣扎。其结果导致海运企业，特别是外航海运几乎没有机会进行自我完善。实际上外航海运推进企业改善最初始于 1984 年的海运产业合理化。不过这个产业合理化是由政府主导的，不是企业本身推进的。再加上产业合理化之后长时间的海运萧条，当时以大型化为核心的企业改善没有达到期待的效果。最近韩国外航海运市场正在被日本船舶公司吞噬，这是韩国外航海运的企业自我完善落后于日本的结果。因此为了不再失去韩国市场，必须通过企业自我完善确保韩国外航海运的对外竞争力。

1997 年经济危机之后，企业自我完善成了消极改革的代名词。因为当时的企业自我完善只不过是企业重组而已。然而真正的企业自我完善实际上是经济学家约瑟夫·熊彼特所说的技术革新，即依据生产要素的重新结合扩大企业利润等一系列的活动。立足于这个概念，企业改善与淡季黑字经营相比更容易推进，并且实效性也很高。那么黑字经营时期，海运企业急需推进的企业自我完善的内容是什么？这个问题的答案要从过去萧条时期韩国海运企业的薄弱性中寻找。

第一，海运产业是服务产业。作为生产手段的船舶固然很重要，但作为服务生产和销售主体的“人”才是成功的钥匙。但海运企业因长期不景气，疏忽了采用优秀的人力资源。目前海运企业正值黑字经营，补充人力资源并非难事。因此期待外航海运企业积极地招聘并确保优质人才。

第二，通常企业处于黑字经营时会强化信用度和交涉力。因此在黑字经营时期进行企业自我完善是非常有利的。企业自我完善包括设定企业的未来面貌和施行计划。换句话说，遇到不景气时，企业生存意识是企业自我完善的本质动机。此外，海运企业的自我完善还关系到船队结构。这与在不景气时期船舶的非经济性有关。如果市场状况不好，企业面临困难，对非经济船舶的处置会非常困难而且船价也会回落。所以不应该一味地执着于短期运航收益而推迟对非经济船的处置。为了避免日后的亏损，韩国外航企业要积极果断地推进船队的重组。

第三，海运企业在黑字经营时期，应把利益最大化。海运企业想要把利益最大化，首先有必要改善运费结构。海运服务价格的运费与其他产业不同，其结构很复杂。实际上海上运费是由各种折扣和追加运费构成的。不景气时海上运费大大回落，还要再加上这些复杂的海上运费结构。因此，不合理的运费结构是韩国外航海运企业长期生存的绊脚石。目前，在信用提高和有较强交涉力的时期，有必要调整韩国海运企业的运费结构。

最后，在外航海运的黑字经营时期还要进一步提高企业品牌价值。因长时间的不景气和累计赤字，企业品牌严重受损，必须建立强化企业品牌的战略并积极推进。这是黑字经营时代韩国外航海运企业所面临的课题。

第七部

重新审视韩国海运业

新的一年谈韩国海运

韩国海运面向未来的一年

制定合理的海运费的最佳时机

Homo economicus 和海运企业家

船舶基金

正确处理海运业和造船业之间的关系

税制与管制

受惠人与国籍船运输权

出售泛洋商船应慎重

运输业争议

海洋日随想

新的一年谈韩国海运

2005 年韩国海运的话题理所当然是中国效应。如何应对这个热门话题关系着韩国海运的未来。

2004 年韩国海运取得了历史上的最佳经营业绩，今年估计也将持续繁荣。据预测这种繁荣将持续到 2015 年，这更使韩国海运处于心浮气躁中，当然这种氛围是由中国效应引起的。

所谓中国效应指的是中国持续的经济增长支撑着世界海运需求。应该说最近的海运繁荣和中国效应有密切联系。但是如果韩国海运想长期得益于中国效应却是有局限性的。

首先，中国效应也许会和所期待的一样有长期效果。但是所谓长期指的是它的趋势，因此从短期效果来看它是有可能伴随着沉浮的。问题是韩国海运却很容易受到这种沉浮的影响。众所周知，韩国海运资本脆弱，融资条件也比其他发达国家恶劣。因此韩国海运往往依靠租船而不是自有船舶，一般情况下，船费比较贵的繁荣时期海运上更偏向于购买自有船。如果海运市场不景气，即使时间很短，韩国海运也会受到致命的打击，原因就在这里。韩国海运已经经历了很多次这样的事情，但是韩国海运经常会忽略以往的教训，现在要想搭上中国效应这艘船，应该要好好总结过去的经验教训。

即便中国效应是长期的，也并不是所有的部门都能受惠。作为实例，2004 年韩国海运取得了巨大的成就，但是这种成果并没有涉及韩国海运所有领域，有些中小型船运公司反而挣扎在苦战中。中韩之间运行的车辆渡船及集装箱船经营效果并不是很好，中小船运公司也没能享受中国效应的根本原因在于国际船运公司间的过度竞争。这个问题由来已久，应该通过解决这个问题来筹划韩国中小船运公司的发展。

最后，即使中国效应没有短期的沉浮，韩国海运展现持续繁荣也是有局限性。理由有二：一是基础建设不足，二是中国效应越来越被中国船运公司所吸收。

第一，韩国海运基础建设的不足是众所周知的，特别是对外竞争力核心的金融部门。举个例子来说，韩国除了船舶基金，有关海运的金融基础设施几乎没有。如果不能建立这个领域的基础建设，那么韩国海运将很难吸收中国效应。还有，保险与有关港口的基础建设也是韩国海运急需解决的课题。

第二，从长期的发展来看，中国船运公司有可能独占中国效应，韩国海运将面临萎缩。最近的中国直靠港船舶增加充分地说明了这个问题。直靠港体制对任何国家来说都是有利于本国海运的，实际上，直靠港船增加以后中国海运的海外竞争力提高了。直靠港体制会让站内的接驳服务萎缩，这一点也对韩国海运具有威胁性。中国直靠港船舶的增加肯定会导致一批中韩间的接驳船被撤走，而被撤走的肯定是韩国船舶。如此，政府所推进的物流中心化战略也会受到很大的影响，因此需要从政府角度来就中国直靠港体制制定对策。

综上所述，韩国海运现在还不是因中国效应而沾沾自喜、安于现状的时候，反而应以中国效应为话题来进行深刻思考。希望海运业和政府齐心协力来引导这个话题，因为韩国海运的未来就在这个话题上。

韩国海运面向未来的一年

2005 年是韩国海运为未来做准备的一年。大部分的预测机构都认为这种繁荣将持续到 2008 年，也有少数认为会持续 10 年。但是即使是繁荣时期，也并不表示韩国海运整体都呈现繁荣景象，就 2003 年来看中小船运公司并没有取得好的效益，倒是大型船舶运输公司取得了骄人的成绩。而这些大型船舶运输公司取得繁荣景象多依靠政府的海运政策。

迄今为止，政府推进的海运政策分为两种：一是萧条措施，二是对国籍船的增加政策。每次海运不景气的时候政府都会制定适合的对策来支持海运企业。1984 年政府采取的海运产业合理化措施就是其中之一。没有这个措施韩国海运就没有今天的繁荣。政府的加强船队政策在这一点上也是如此。众所周知，韩国海运经常处于资金不足状态，资金筹措能力相对于其他发达国家处于劣势。因此，如果政府不出面，韩国海运进行预支扩张也是非常困难的。最终政府为了打破这个局限，引进了计划造船制度，放宽了空船租赁范畴，而这样扩充的船舶正赶上了目前的繁荣期。那么韩国海运会一直赶上这种好运吗？恐怕没有人可以对此做出自信的判断，因为政府不可能像以前一样引领海运企业，而且海运的环境也发生了翻天覆地的变化。

长期给韩国海运带来变化的核心问题之一就是国内的人口变化。最近发布的一份资料显示，韩国的就业人口从 2017 年开始将逐步减少。按照这种趋势韩国海运早晚将面临严重的劳动力不足。事实上韩国海运很早就面临无法确保船员人数的问题。1997 年经济危机之后这种劳动力缺乏问题稍微得到了缓和，但是经济复苏之后船员的问题又再次出现。如果不能从现在开始对船员补给问题求万全之策，韩国海运肯定会受到损失。

最近的繁荣也是韩国海运将要面对的变化因素。韩国海运曾经在繁荣后的 20 世纪 80 年代初经历过集体破产的危机，集体破产是投资夸大和过度投建船运公司引起的。那次危机只有韩国海运经历了，所以眼下的繁荣也不是例外。这次海运繁荣时期出现了很多船运公司，还有利用船舶基金大量定制高价的船舶，一旦海运市场逆转，到时候韩国海运不知将要面临怎样的困境。

除此之外韩国海运要准备应对的环境变化还是很多的，不仅有高油价和汇率等经济变数，还有船舶大型化进展和中国直靠港船舶的增加等，海运内部编队的对策也非常急迫。到那时这种准备不是以政府的作用就能代替的，而是需要韩国海运企业做好应付萧条的准备，用自己的力量去应对新一轮的萧条期。

制定合理的海运费的最佳时机

海上运费涨得厉害，而韩国经济主要依靠出口，因此令人非常担心。有些中小企业就是因为昂贵的海上运费而放弃了出口。因此韩国贸易协会正在通过各种途径要求抑制国际船运公司运费上涨。根据这个要求，韩国船主协会和贸易协会于2004年在首尔共同举办研讨会，寻求船主和货主之间相互理解，携手共进。但是此次研讨会并没有提出具体的对应方法。那是因为海运业界和贸易业界之间的理解是相互冲突的。

贸易业界认为物流费超过出口单价的10%将会影响出口。但是现在航运费用的急剧上涨已经超出了临界线。而海运业界认为，韩国的海上运费相对其他国家是比较低廉的。事实是，即使像现在这样的繁荣时期，除了那些大型的船运公司，好多中小型船运公司即使营业额增加也不可避免地面临赤字。中小型船运公司认为照此以往，将来他们恐怕连扩充所需的船舶量也会成问题。贸易业界和海运业界除了相互平衡没有别的方法。难道真的没有别的对策吗？笔者认为现在正是把海上运费合理化的最佳机会。

众所周知，最近的海运经济是有史以来最好的，但是这次的景气和以往的情况有很多不同，而且从这一点来讲正好可以使船主和货主调整年海上运费。

如果仅考察二战以后的海运繁荣时期，那么将会发现一个共同点：战争与繁荣之间密切相关。1951 年的繁荣始于朝鲜战争，1957 年和 1967 年出现短暂繁荣是因为苏伊士运河的封锁，1973 年第四次中东战争和 1980 年两伊战争造就海运业的盛世，20 世纪 90 年代中期的繁荣也源于海湾战争。迄今为止的海运盛世都具有相对短暂的特点，因此船主和货主之间还没有时机调整，盛世就转为萧条，导致好多船运公司受到损失甚至破产，只有那些手脚快捷的船运公司用“打一枪换一个地方”的方法得到收益。但是最近的繁荣是因为中国海上物流量增加导致的需求拉动而形成的，和以往的繁荣有所不同。在目前的状态下，中国海上物流量的增加将持续一段时间，盛世转为萧条的可能性很低，因此用长远的角度来调整海上运费比“打一枪换一个地方”的方法更值得推敲。

合理的海上运费调整指的是船主和货主经过长时间的磋商稳定地制定运费的行为。稳定的意思就是船主和货主可以负担运费的限度接受范围。具体来说就是在繁荣时期设定比市场价格低的价格，以此来保证萧条时期保持原来的价格不变的所谓长期合约运费。实际上日本对 70% 以上的进口货物都以长期合同方法输送。相比之下韩国除了铁矿石和液化天然气，进口货物输送的长期合约比重相对较低。因此有必要加大对韩国进口货物的长期合约年输送的比重，引导合理的运费设定。

出口货物也可以用类似的方法来做合理的运费调整。比如近海航线的船运公司从 3 月 15 日开始就根据转运商企业的货物量提供打折奖励，即高丽海运和东南亚海运等 7 个船运公司对一个月 100 TEU 以上装船的转运商提供每一个集装箱减免 30～50 美元的优惠。此外，对于一定期间内利用国籍船运公司的货主实行返还一定运费的回扣制度，对于约定利用固定国籍船运的公司适用特备运费率的合同服务。这主要是海运同盟采用的手段，虽然可能在法律上有问题，但是在目前这种运费居高不下的情况下作为运费合理化方案来适用，应该问题不大。

总之，目前正是制定合理的海上运费的最佳时机。有关业界和政府不应只是讨论，应该努力把在这里提供的合理化方案付诸行动，因为船主和货主是一体的。

Homo economicus 和海运企业家

世界海运正值旺季，其标志是不定期货轮运费指标的MRI综合运费指数已经达到400线，较之前这个指数在250线下保持长期稳定的情况来看，这次的景气几乎达到令人惊奇的程度，油轮和集装箱货轮的部分运费指标也显示为历史上最高水平。像现在海运市场整体上同时显示改善的例子是很少见的。

但是这样的繁荣是不是会给将来的韩国海运带来幸运，还要拭目以待。1979～1981年的短暂繁荣后韩国海运曾经面临过集体破产的危机。虽然借助政府的海运产业合理化措施渡过了危机，却还是担心同样的事情会反复。这种忧虑从韩国有些海运人的非合理行为中可以看出来。

众所周知的1984年海运产业合理化措施是因繁荣时的过度投资而导致的不可避免的选择。如果当时韩国的海运企业更加理性一些，那么那样的过度投资将不会发生，因此韩国海运为了能在未来的竞争中生存，海运企业家需要追求成为经济理论上提出的所谓“Homo economicus”。

经济学上把“Homo economicus”翻译为经济人，认为这样的经济人具有合理性，拥有所需要的信息，总是做出正确的选择。现代经济学把经济人看作是理想的经营者。因此经济人被理解成为很早就掌握所有的状况，能在此状态下做出最合理选择的人。

今天以市场经济为中心的资本主义社会面临周期性的经济危机和恐慌的理由中有一项就是存在着做出非合理判断的非经济人。非经济人的存在意味着从真理的轨道中脱轨，而脱轨严重时就需要长时间的调整。韩国过去的海运产业合理化措施就是活生生的例子。

如果1979～1981年的海运繁荣时期多数的海运企业家都做得像真正的经济人，那么就不会一下子扩充大量船舶。大多数发达海运国的船主们并没有像韩国那样轻举妄动。那么为什么当时只有韩国的海运企业家做出非经济人的行为呢？答案之一就是韩国船主们的非合理的海运经营认识。

韩国的船主往往把海运视作投机产业，所以并没有用理性的判断来经营海运，而是靠灵感或直观来求成功。特别是海运市场进入到繁荣时期，各种投资变得非常容易，这使得有些投机取巧的行为屡见不鲜。大部分在这种繁荣时期加入海运产业的人可以视作寻求暴发的非经济人，因为海运是繁荣期较短、萧条期较长的产业。有时海运企业家被视作不像从历史中汲取经验的非理想的企业家，正是因为一些在海运繁荣时期新参与进来的海运人的存在导致的。

总的来说韩国海运正面临新的鼎盛时期，但是这个鼎盛时期却是海运人要深思熟虑作出正确判断的时候。还有，在深思熟虑的时候有必要牢记下面的话：真正的企业家不是去寻求利润而是创造利润，寻求利润的人不是企业家而是商人。期待韩国的海运企业家具有真正的经济人精神。

船舶基金

民众对船舶基金的特别关注以及国内船舶基金被合理化是在 2002 年制定《船舶投资公司法》之后。和始于 20 世纪初的挪威和德国的船舶基金比起来，韩国的船舶基金还处于初始阶段。但即使是这么短暂的历史，韩国船舶基金却已经开始步入成熟。

船舶基金，顾名思义就是投资于船舶的基金。把船舶基金法制化的目的就在于，首先给一般国民提供投资于船舶的机会，再是要把船舶作为投资商品来开发。换而言之是通过提供对船舶的健全的投资机会来搞活海运产业，因此把船舶基金的主体——船舶投资公司纳入到法律制定的框架内。在这个领域处于领先地位的德国和挪威制定了包括房地产、基础建设、船舶、飞机在内的投资公司法，而韩国却制定了只针对船舶的特别的《船舶投资公司法》，和传统的海运国家对船舶基金的态度有所区别。德国和挪威的船舶基金备受瞩目的原因就是和别的领域比起来，它们对船舶的投资基金更为活跃。举个简单的例子，德国自 1990 年以后以 500 亿马克的基金对超过 1 200 艘船舶进行投资。韩国自 1997 年经济危机之后把大量的船舶卖给了德国船舶基金之后再次租船航运。挪威所持有的一半以上的船舶都被船舶基金所掌控，但是和德国不同的是，挪威缩短了对船舶投资者的租税优惠政策，因此最近对船舶基金的投资处于停滞状态。这说明想要搞活船舶基金，租税优惠政策是先决条件。

韩国投资者对船舶基金的关注也和租税优惠政策有关。《租税特例法》规定对投资船舶基金 3 亿韩元以下所获得的股息收入不征税，超过 3 亿韩元的时候也是分别征税，因此对投资者来说是很具有吸引力的。韩国三个船舶基金东北亚 1 号、东北亚 2 号以及亚细亚太平洋 1 号的认购率分别是 8.1∶1、5∶1和 11.1∶1。这么高的竞争率显然针对的是这种优惠的租税政策。另外，韩国船舶基金并不止这 3 个。去年东北亚 3～5 号和东北亚 6 号等总共 4 个基金得到了设立许可。随后，亚细亚太平洋 2～8 号和东北亚 7 号也相继得到了设立许可。那么这种船舶基金热潮没有任何问题吗？我们有必要对此做出分析。

首先，韩国船舶基金过热是由租税优惠制度和持续的海运经济繁荣所致。投资者相信伴随着租税优惠政策的海运繁荣景象，可以使自己得到长时间的高收益的保障。但是海运繁荣却带来了在确保船舶数量的同时运费过高这个问题。众所周知，船舶基金的投资者们是以船舶租赁以及买卖差额作为目的的，因此他们的基金重点在于买卖差额。通过德国的基金投资者在海运非常萎靡的20世纪90年代买进了1 200艘船舶的实例中可以明确这个事实。还有，运费提高的话则无法期待买卖差额，并且不能在经济萎靡时保证其收入，因此有必要牢记20世纪80年代初海运产业合理化的痛苦经历。

除此之外，不能忽视的问题还有韩国船舶基金要确保船舶的租赁方主要集中在特定的几个船运公司这个事实。如前指出，韩国船舶基金萌生时间不长，它的成功不在于公开发布的结果而在于用基金确保的船舶的使用。因此确定船舶基金的胜败需要时间，而分散风险是必不可少的手段。从这一点来讲，基金确保的船舶主要都集中在认定的租船，这可能会带来较大风险，值得认真思考。同样，船舶基金偏爱高价的特定船舶业也是不容乐观的事情。

总之，韩国船舶基金启动的同时取得了超出预期的好成果。但是考虑到最近的海运市场处于有史以来最繁荣的时期，要警惕船舶基金走向过热，因为历史可能会重演。

正确处理海运业和造船业之间的关系

韩国的海运业和造船业之间的关系已进入蜜月期。最近STX集团收购泛洋造船公司，韩国完成了国内所有大型船运公司和造船厂的完美结合。现代商船和现代重工、韩进海运和韩进重工的连锁关系也由来已久。自从20世纪90年代中期SK海运和大韩海运开始参与液化天然气的运输业，就各自和三星重工以及大宇造船形成合作关系。特别是大宇造船，最近用256亿韩元买进了有恶意并购嫌疑的大韩海运的公司股票75.587万股，进一步加深了合作关系。此外还有其他的一些中小船运公司和中小型造船厂合作构建了海运造船的联合体系。那么这种合作体制的构建对韩国海运的发展是有益还是有害呢?

表面上看海运和造船合作是共生关系。举例来说，海运繁荣时期运费上涨的同时为船舶建造的货场的保障就会面临困境。如果这时海运企业和造船厂有合作关系，那么有关企业会期待委托有合作关系的造船厂用优惠的价格造船。反之，经济萎靡时期运费会降低，但是造船厂却很难拿到订单，这时造船厂可以向海运企业要求订单来确保生存。这种共生关系的代表性的国家就是日本。

日本造船厂拿到的订单的三分之二是出口客户，但是这种出口的大部分是日本船运公司的海外分社或者是当地法人定的货，因此事实上还是属于日本船主，即日本造船厂的订单依靠的都是本国的海运企业，而日本海运企业也是通过向本国的造船厂订货维持这种相互依存的关系。日本的这种共生关系是靠金融机构购买的形式让特定的船运公司和造船厂之间进行配对来求发展的。K-Line 社和川崎重工、NYK 和三菱重工、MOL 社与石川岛播磨重工之间的配对就是代表性的例子。这种日本式的配对和韩国的配对在形式上有所区别。

首先，日本的配对是金融机构作为媒介而形成的水平式的配对，而韩国是通过一个集团或通过购买股票的方式而形成的纵向连锁关系，因此韩国的海运和造船配对会有一方需要牺牲的必然性。特别是海运产业相比于造船产业，其在产业内部的地位较低，容易遭受损失，而且无论海运繁荣或者萧条这种现象都会出现。海运繁荣时，造船厂偏爱高价的船舶，会有忽视配对船运公司的建造需求或调整造价的倾向；反之，萧条期为了确保运转，造船厂会强制要求配对船运公司订货。无论何种情况，纵向连锁关系中海运只能从属于造船。

再者，日本的海运造船配对企业依靠货主和船运公司间紧密的合作关系发展成海运造船组合。众所周知，煤炭、铁矿、原油、天然气等日本引进的货物的70％以上被日本船运公司通过长期合约来运输。这种长期合约会使船舶金融起到把海运和造船水平链接的媒介作用。换言之，因长期合约而建造的船舶，与它有利害关系的是货主、金融机构、政府等，因此船运公司就以它们为背景和造船厂进行同等关系的合作。由此船运公司和造船厂因配对形成共生关系。

如果韩国也像日本一样通过扩大长期合约和专用船的合同而使国内船舶建造活跃，那么海运造船配对将收到综合性的效果。但是就目前的情况来看，韩国国籍船运公司的长期合约和专用船的合同并没有显示增长趋势，特别是韩国电力公司和浦项制铁公司最近的动向让这种担忧变得越来越现实。之前一直坚持依靠国籍船运公司来输送的韩国天然气公司也开始为确保工业载体而努力，因此国籍船运公司的地位会更加低下，而这种低下会导致韩国国内对海运造船配对效果的反感。因此真心希望通过配对而提高海运地位，这需要海运参与者格外的努力，因为韩国海运造船配对不是只有优点而没缺点的。

税制与管制

税收可理解为一种管制，但过度管制会导致有关事业萎缩。在海运业中税收的作用范围超过单纯对船舶的征收，它还包括对整个海运活动的广泛管制。一般情况下，一个国家的海运租税越紧，对海运的管制就越严，同样，管制少的国家，有关海运的税制也就更单纯，税率也更低。简单的例子就是避税地（Tax havens），在这些国家没有海运管制，有的是各种各样的征税优惠。

细看海运史就会发现，各国的海运沉浮往往会被相关的税制和管制所左右。最近西欧国家实行的第二船籍制度就可以证明，这个制度简单说就是本国方便制度。第二船籍有境外置籍和国际船舶登记，前者只允许本国船舶登记，后者对外国船舶也开放登记。这种制度和以往比起来扩大了租税优惠，缓解了海运管制。从 20 世纪 80 年代后期开始，因有了这样的管制，西欧的传统海运国后来很好地克服了导致走向夕阳化的海运产业问题。

美国和西欧国家不一样，还存在对海运的管制。美国对本国海运的支持保护制度比任何国家都多。美国不仅承担本国船建造费用，还补偿一定的美国船舶航运中的损失。不仅如此，美国还非常执著地保护本国船，有的时候甚至不惜抵制 WTO 协议。但是即使有这样的一系列的保护支持，美国海运走向衰弱也已经是不可避免的事实。

从统计来看，美国的商船规模排在希腊、日本、挪威后的第四位，这个排名是以船舶实际拥有国为标准的。如果根据船舶登记的船籍标准来区分，那么它的排名是 14 位。这样的数字意味着很多美国船舶改籍到便宜置籍国家。

从税制和管制来看，美国并不是海运发达国家。税制上，美国并没有区分海运和其他产业，因此对海运的管制比西欧传统的海运国家更多。如果没有国防提供的保护支援制度，美国海运维持生存都成问题，从原来全盛时期屈指可数的集装箱定期船运公司现在一个都没有的这一事实可以证明。那么韩国的情况又如何呢?

幸运的是，韩国海运情况和美国有所不同。以 1984 年的海运产业合理化措施为契机，韩国政府坚持不懈地推进了税制改革和放宽管制，取消了船舶引进关税，以在济州岛设立境外置籍制度来对有关船舶税制进行改革。最近韩国海运能享有改善的海运市场，政府的这种海运税制改革功不可没。但是即使有这样的成就也并不表示韩国的海运税制和放宽管制已经达到了其他发达国家水平。

其他发达国家已经实行船舶吨税制度，韩国却还在讨论当中。外汇折算会计制度对韩国的船主是老生常谈的问题，船主们认为港湾使用费和其他发达国家比起来处于不利地位。不可否认，这一系列不利的税制和费用与管制是有直接或间接的联系。为了海运产业的发展，我们应该对有关税制改革深思熟虑。还需要思考的问题是吨税制和外汇折算会计制度。税制伴随管制，管制妨碍海运产业发展。

受惠人与国籍船运输权

想要确保对国内大量货物的国籍船的运输权，韩国海运的受惠者们就要站出来。最近，作为韩国公益企业代表的浦项制铁公司和韩国电力公司因把公司货物的运输权转给海外的船运公司而导致议论纷纷。首先对此提意见的是与自身利益息息相关的当事人，即国籍船运公司和有关协会。但是在势力庞大的韩国电力公司和浦项制铁公司的威力下，他们束手无策，甚至已经升级到部级的主管单位海洋水产部也无可奈何的地步。

浦项制铁公司和韩国电力公司这次和日本船运公司签订的货物量为每年 300 万吨和 150 万吨。但是两家公司都主张这些货物量只是总货物量很少的一部分，既不会给韩国海运造成威胁，也不会对海运业界所主张的国家财富遗失或全方位产业造成不好的影响。如果两家公司约定不再把海运输送权转给外国公司，那么他们的这种论调是可以接受的，可是，他们的主张却从根本上考虑排除这种可能性。他们主张：在现在的全球化企业环境下，世界性的外部资源利用是不再能坚持优先考虑国家利益的非常普遍化的业务过程。像欧洲有名的阿塞洛钢铁公司早已在全球化的海运方面进行了外部资源利用。这个主张看似冠冕堂皇，但是真的能确定世界企业环境已经完全全球化了吗？所有的国家都能放弃优先考虑国家利益的想法而利用外部资源吗？他们认为海运领域早已全球化了，可是他们难道不知道在 WTO 协议中只有海运领域问题的全球化迟迟没有进展吗？世界优秀的钢铁企业资源外部化的主张也不符合实际情况。事实上日本的做法是，本国的船运公司几乎包运了全部的钢铁原材料。两家公司的主张只不过是掩耳盗铃。但如果这样的主张是两家公司的坚定意志，那么国籍船输送权的维持将会比较困难，因此为了确保国籍船的输送权，所有的相关部门、相关人士都应该站出来，特别是造船及配件制造公司负责港湾运输相关人士，这将起到非常重要的作用。

韩国造船工业的水平是世界上最好的，没有造船业界的呕心沥血是不可能有这样的成就的。但是这也不能否认韩国海运的作用。过去，正是因为有了计划造船制度和国籍船运公司的专用船体制，韩国的造船厂才有现在的飞黄腾达。在韩国造船工业的起步初期，计划造船制度为造船厂提供了订单，这时造出来的船舶量有 400 万吨。当时国内造船厂建造了 100 多艘国籍专用船，而其中 17 艘天然气运输船的建造，使得韩国国内的造船厂掌握了世界最好的天然气船的造船技术。有了这样的技术积累，最近国内造船厂才能包揽了世界 LNG 船的造船市场。

有数万名工人的造船业界不会不理睬韩国海运的困难，码头工人、驳船业主、仓库业者、验收检验人等港湾运输业者没有韩国海运将不复存在。领航员、海上保险业者、船舶加油供水人员、通讯业者、提供船上食品和用品的供应商、船级协会、海事大学等也是和海运有关的人员。数千个联运从事者，没有韩国海运将失业。从事海运经销、海运代理、租船的人员数也不容忽视。事实上数十数百万国民从事着与海运相关的工作，现在是到了他们站出来守护韩国大量货物的输送权的时候了，真心期待此次事件不要仅仅停留在海运上，大型货主们要理解这是与韩国国民经济息息相关的命脉问题。

出售泛洋商船应慎重

最近 M&A 推进中的泛洋商船公司不应成为向海外抛售的对象。如果想把泛洋卖到海外就必须得到政府和海运业界的允许。因为泛洋是政府海运产业合理化措施的产物，也是受惠者。而且考虑到泛洋的营业额和品牌效果，也不能将其卖给海外的公司。

海运产业合理化是 1984 年政府为了救济面临破产的韩国海运而实施的大型项目。根据这个项目泛洋吸纳合并了 SEBANG 海运、SANYI、BAOYUN、DAYANG、HAIYU 等 5 个公司，以购买船舶为条件得到了政府的金融及税制支持。除了这些支持之外，政府对泛洋的帮助不计其数。想把靠政府的帮助成长为世界最大的专用船运公司的国民企业在没有海运业界和政府许可的情况下而卖给外国企业简直是天方夜谭。特别是海运业界的反抗绝不是轻易就可以平息的，因为它涉及泛洋拥有的数量庞大的长期输送合同的货物。

泛洋目前和韩国国内货主们签订的长期合同中的货物包括浦项制铁的钢铁原料和韩国电力的煤饼以及谷物和肥料原料等，一年的运货量达到 1 500 万吨。如果这些货物的运输权卖到国外，等于毁灭韩国海运业界，这跟把韩国海运业生存权委托给外国没什么两样。因此对日本船运公司不惜任何代价都要收购泛洋的传闻，我们就不能充耳不闻了。

从国家利益来看，把具有出色的销售能力和品牌效应的泛洋卖给海外公司，对国家来讲是巨大的损失。笔者作为一名海运专家，可以断言泛洋的海运经营能力是世界上任何一家船运公司都不能与之比肩的。泛洋能够克服各种困难，从困境中解脱出来起死回生，与其积累下来的经营经验是分不开的。如果泛洋被卖给海外企业，那么积累下来的经营诀窍会被埋没，甚至还会影响韩国的国籍船运公司。

泛洋具有的品牌声誉也不能卖给海外公司。一般人认为泛洋是散装专用船运公司，但是事实上泛洋是世界第一的综合船运公司。要运送胶合板、铁制品、水泥、肥料等无法用集装箱装运的大量货物，除了泛洋很难再找到第二家。这种传统定期船往返于世界各地运输我们的货物，为国民经济作出了巨大的贡献。泛洋这个品牌之所以是世界性的，与这种传统定期船的活跃不无关联。此外，泛洋的油槽船船队输送的各种植物油以及液体货物是韩国经济的支柱之一。正因为它们的船队如此多样，如此有特点，事实上泛洋是墙内开花墙外香，所以泛洋在海外更有名。

最后我们重新考虑一下主张：把不能将泛洋卖给海外企业更改为为了保证国内雇佣，收购它的公司应该是国内的非专门船运公司。但是就像以前的经验告诉我们的一样，即使泛洋被非船运公司的集团收购也不能保证长期雇佣，但如果和欣赏海运专家的其他国际海运公司合并的话，就能保障长期雇佣。期待泛洋工会做出明智的选择。

总之，泛洋是经营 200 多艘船队的世界企业，要出售这样的企业必须有国民的同意。有位国籍船运公司的 CEO 曾经说过，把泛洋卖给外国公司比把釜山港整个卖掉更危险。

运输业争议

韩国海运界又卷入到运输业争议之中。运输业争议在韩国不是第一次，20 世纪 90 年代中期曾经有过，当时的争论因 1999 年 4 月 15 日《海运法》的修订而得到平息。

运输业争议是海运业界反思对大宗货物的货主拥有船舶并参与海上货运行为提出异议的争论。这个争论是 20 世纪 90 年代初韩国为了推进加入经合组织而引发的。当时政府在与经合组织的协商过程中为了满足加入条件坚决执行了对外开放措施。当时海运领域的产业政策地位相对低，因此被写入首先开放的目录之中。政府决定首先要废除长久以来作为海运发展主干的指定货物制度。指定货物制度记录在《海运产业培育法》（1984 年 8 月 7 日法律第 3750 号）第十六条，内容是“韩国的国籍船确保煤矿、铁矿石、液化天然气等政府指定的大宗货物的海上运输”。但是与经合组织协商的结果是废除了指定货物制度和《海运产业培育法》。在这个过程中大宗货物的货主们进军海运业的许可问题很自然地被提及，而海运业界表示反对。1999年韩国新修订的《海运法》第26条增加5项，接纳了海运业界的要求。修订中规定了原油、铁矿石、液化气等大宗货物的货主们想要参与航运必须得到海洋水产部部长的许可，这实际上是限制了这些货主们参与航运市场，打破了大宗货物的货主们加入航运的梦想。但是随着国内外海运市场的环境发生变化，大宗货物的货主们参与航运市场的想法又被提了出来。

最近海运环境最突出的特征就是海运市场的繁荣景象。韩国航运公司的经营条件得到了很大的改善，可是对于航运费的提高，货主们表示不满，因此有些大宗货物的货主为了降低运费就和外国的船运公司签订了合同。不仅如此，韩国天然气公司正在探讨自建航运公司参与航运业的方案。

韩国天然气公司准备参与航运业的想法很早就有。公司初期开始就因为LNG的运费太高而对工商业运输表示过关注。他们担心因为运费高而使对外信用等级低的韩国国籍船运公司筹措建造资金的成本会提高。即使有这样的担忧，韩国天然气公司打造的包括2艘租船在内的总共19艘专用船仍然都未退出国籍船运输体系。这种国籍船运输体系对韩国海运及造船行业的发展所做出的贡献是很大的。那么为什么现在韩国天然气公司又表明了对工商业运输的兴趣呢？想来有两个原因。

第一，天然气工业的结构重组。韩国天然气公司一直垄断

LNG 的引进，可是随着政府天然气工业的结构重组，发电公司也可以独自引进 LNG。韩国天然气公司面对新的竞争，为了节约运输成本，提出了进入航运业的想法。

第二，海运繁荣而导致的特别是二手船船价的暴涨。天然气公司的专用船租期是 20～25 年，但是如果运费暴涨，解约后的 LNG 船的废料价值也不容忽视。现行的专用船合同中规定这种废料价值全都归属于船运公司，天然气公司会对这种规定不满也在情理之中。因此像韩国天然气公司这样拥有大宗货物的货主们对工商业运输感兴趣也是可以理解的。浦项制铁公司和韩国电力公司也属于同样的情况。

从宏观的角度来考虑的话，韩国大宗货物的货主们加入航运业是可取的吗？对这个问题立场不同答案也会不同。但是考虑到航运业是从私营运输发展成公共运输的航运历史来看，大宗货物货主的航运业进出是要深思熟虑的。从过去的传统海运国家海运产业没落的教训来考虑，运输业争议必须在国民经济的层次上提出来讨论，因为韩国海运不止于海上运输，而是韩国经济的根本命脉。

海洋日随想

对海洋水产人来说5月份是比较特殊的日子，因为5月31日是韩国的海洋日，每年的这一天都会举办各种有意义的活动。从1996年5月30日确立海洋日到现在已经是第九个年头了，韩国确立海洋日的目的是让国民认识到大海的重要性，让青少年逐步养成积极开拓海洋的精神。在每年的海洋日，政府会在全国范围内举办各种活动和纪念仪式。参加海洋日纪念仪式的有政府高官、地方官员以及各行各业的代表。纪念仪式期间还会举办各种演出活动。节日前夜的庆典活动有鼓乐队游行、爱之海音乐会、海上烟花表演。此外海洋日期间以全国12个主要港口城市为中心举办多达73场的各种庆典活动。但是在这里我们不得不思考一下是不是把海洋日纪念活动以这种演出的方式继续进行下去。

首先，纪念海洋日之前我们有必要环视我们的周边环境。

对内，黯淡的经济现状会让庆典变得冷清。在大韩商工会以首尔高中生为对象进行的问卷调查中，70%的人担心自己以后成为失业者。看着现在青年失业者接近100万，我们的青少年对自己的未来感到害怕。失业率的提高伴随家庭负债、国内存款减少等现象，韩国经济正面临困境。其次，海洋本身固有的问题也让海洋日活动值得反省。虽然政府坚持不懈地努力着，但是海洋的污染问题还是非常严重并且呈加重趋势。沿海的渔业因资源匮乏而濒临枯竭，因此我们饭桌上的海鲜以进口海鲜为主。年轻人远离海洋，大多数的国民也并不看好海洋。另外，对外环境也让人们对海洋日的活动反感。昂贵的油价让本来已经萎缩的海洋产业更加摇摆不定。水产部门与WTO协商签署FT的推进和扩大也让水产部门的对外环境变得更加恶劣。在这样的艰难条件下要完好地举办海洋日庆典并非易事。从另一个角度来讲，越是艰苦越应该把海洋日活动举办得有声有色也不失为一种手段。但是从刚才提到的国内外情况来看，要是把庆典活动办成以演出为主的纪念活动，是不会很好地发扬指定海洋日的宗旨的。那么对策是什么呢？推荐大家参考美国海洋政策委员会编制的“21世纪的海洋蓝图”，这个报告书是美国海洋政策委员会历经四年时间完成的有关海洋的数据庞大的信息库。从报告书就能感觉到他们对海洋的热情。他们把海洋看作未来，希望能够精心保存并传给后代。从这里我们可以找到解决问题的头绪，即把海洋日活动办成从大海中找出希望，并留给子孙后代的活动。因此希望海洋日活动办成提供工作机会的庆典，也期待能办成为守护大海而牺牲的英灵的纪念活动，并且希望那天能成为提倡全民爱惜海洋的一天。

第八部

经济漫步

缓解反企业情绪

经济和科技的明暗

心平气和才能拯救国家

正确使用“改革处方”

期待创新企业家出现

“企业国家”的出现

继续做好经济预测

口号性经济目标的局限性

缓解反企业情绪

韩国的反企业情绪根深蒂固，之前还没有完全显现出来，可是最近随着经济萧条长期化又慢慢浮现了出来。很多人认为为了解决现在的经济萧条首先要缓解反企业情绪，他们指出这种反企业情绪的根本原因就是我们学校教育中经济教育的缺失。

但是斥责之声虽大，却没有多少人给出明确的解决方法。原因在于负责经济教育的当事人不明。因此想要解决反企业情绪问题，必须明确经济教育的对象和主体。

不能推责于学校教育

首先看一下经济教育对象。批评经济教育的人会指责初高中教育中的经济教科书，他们认为现在错误百出的教科书是经济复苏的绊脚石，即阻止经济复苏的社会反企业情绪的根源就是初高中的经济教科书。对现行的学校经济教育毫无顾忌地批评的主要是财经界。大韩商工会议所主张初高中教材中正确记述关于市场经济的原理和企业的本质以及企业家精神的部分绝对不够，这种“不够”就是招致我们社会反企业情绪的元凶。因此商工会议所正计划向教育当局建议修订有关教科书，一些市民团体和学术界也与之步调一致。

把经济教育的对象限定为初高中学生，这是短见，因为学校教育对国民的经济教育的影响是非常有限的。

事实上初高中的经济科目是会考中社会探索领域 11 项科目中的一项而已。学生的选择比重也仅仅占 27%左右，因此硬要说不足的经济教育主导着我们社会的反企业情绪是不成立的。应该把韩国的反企业情绪问题作为社会文化现象来理解，因此要缓解韩国的反企业情绪首先要教育的对象是一般国民，当然对初高中生的经济教育也不容忽视。

再看一下经济教育主体。如果教育对象限于初高中生，那么教育主体是包括撰写教材的教育当局和教师。如果把教育对象的范围扩大到一般国民，那么教育主体的范围也会扩大到财经界、学术界、媒体以及一般的市民团体。因此从这一点上来看，包括财经界在内的有些学术界、媒体及市民团体只指责学校教育的行为不是解决反企业情绪问题的方法。

有必要对一般国民进行经济教育

不久前，“为了和平社会”的市民团体以全国大学的160位经济经营学教授为对象，对与经济有关的三部教科书内容做了问卷调查，结果，61%的教授回答经济教科书中关于市场经济的否定内容就是造成反企业情绪的主要原因。这个结果和财经界的看法一样，一些市民团体和学术界也把造成反企业情绪的原因归结于学校的经济教育。多数媒体也支持市民团体和学术界的问卷调查结果。事实上，这是转移自己责任的行为，学术界、媒体、市民团体等把教育国民的责任转嫁给了教育当局，这种转嫁责任的行为为那些造成反企业情绪的部分反企业人、政治家、学者提供了免罪符。

总之，我们社会的反企业情绪与其说是学校教育的产物，还不如说是政治经济社会文化的产物，错误的学校教育可以委托教育当局施以改正，但是更重要的是政界、财经界、学术界、媒体以及市民团体不仅要净化自己的想法，也要更多地关注国民的经济教育。

经济和科技的明暗

以科学技术的发展来看韩国的未来是美好的，不断涌现出来的科技成果让一些国民预测未来时信心高涨，但是大部分的国民还是非常担心韩国未来。

韩国政府在2004年举办的第17届科学技术委员会会议上公布了“2005~2030年科技预测调查”结果，并审议通过了今后的科技推进计划。

健康长寿时代的忧虑

调查结果显示，2025年人类盼望已久的健康长寿时代将会到来，其标志是清洁血管的机器人以及智能药的研发。调查预测，清洁血管的机器人会像汽车维修工一样彻底清扫人的血管；做成细微胶囊的智能药进入人体之后碰上特定的病菌会释放药物。韩国领先世界先进水平的干细胞培养技术也将加速健康时代的到来。此外还会出现氢燃气汽车的普遍化、人工雨以及减弱台风技术、磁悬浮列车、建设宇宙城市及火星旅游等，我们展望的是科学技术灿烂的未来。

这种梦想并不是不可实现的，目前已经获得的 IT 技术和 BT（生命工学）技术的成果给予人们无比的自信。创造三星神话的优秀信息技术也照亮了韩国科技发展的前路。可是即使有如此辉煌的科技方面的成功，对未来持肯定态度的国民会有多少呢?

对大多数人来讲现实是比较苛刻的。统计厅发布的今年第一季度的家庭收支数据显示，全国三分之一家庭的开支不可避免地出现赤字。还有贫富差异加大，达到将近六倍，这是自 1982 年开始统计以来的最大的差距数字。因此社会底层的相对贫困慢慢成了社会的关注点，他们被救济的希望很渺茫。这种缺失希望的现象也出现在被称作“白领”的中产阶级身上。

1997 年经济危机之后受到打击最大的是白领，外汇危机之后一半以上的白领工作人员离职。领失业金的人员中 40％左右都是白领工作人员，而且这种现象还在呈现增长趋势。即使没有失业，白领也长期处于裁员体制的不安和高强度的劳动之中。

心平气和才能拯救国家

国家动荡，除了政治家在内的少数上层统治阶级，其他人都感到不安。最近的一次报社的舆论问卷调查显示，83%的韩国国民都觉得目前国内的经济状况是比较危险的。大部分老百姓的生活要么紧迫，要么债台高筑，因此全家人一起自杀的事情已经不是什么新闻了。内需市场饱和依旧，中小企业都纷纷哭诉面临倒闭，传统市场空置的店铺越来越多，倒闭的企业比创业的企业还要多。效益好的企业和有钱人也有不安，持续上涨的油价、美国利率的上调、中国经济不确定性的扩大都使韩国的出口企业前景不明朗。这种不明朗的情况反映到企业，则表现为韩国企业的外汇平准基金债券附加利率提高，国内股票市场下跌。

国家到处都是“气”盛

财阀企业会因为反托拉斯法的修订而心气不顺；有钱人会因为某些富裕税的提案而坐立不安；学生因课外学习而烦恼；青年因失业而苦恼；军官因为军队的内部调查而恐惧；孩子在军队的父母会因为国家向伊拉克派兵而煎熬；还有数百万的信用不良者步履艰难，这些社会不安情绪不是一两句话就能说得完的。可是即使已经发展到这个地步，有关各方的当事人面对问题只是一贯地为掌握主动权而相斗。

首先，政治圈主张只有改革才是正道，而财经界用市场经济理论来反驳。政府否定目前的经济危机论，主张我们的经济基础并不脆弱。OECD 预测韩国 2004 年的经济增长率为 5.6%，这和年初政府所计划的增长率比起来还要高，因此政府觉得有底气。劳动团体和有关政党把分配正义作为解决问题的方法，并不想让步。又何止这些！只要提出市场开放，有关各方就开始团体行动，想先发制人。如果有国家重要设施的建设，他们会拼命争取。少数的信用不良者也会硬挺。可以说整个国家都在为掌握主动权而斗争。

面对这样的现状，有些人会谴责我们社会的民主化进展，怀念朴正熙和全斗焕专制统治时代。但是仔细分析可以发现我们社会的这种斗争源于教育。一位牧师曾经在分析韩国、美国、日本的教育时说过这样的话：日本从小就开始教育孩子不要给别人带来麻烦，美国父母从小就教育孩子要学会给予，而韩国父母从小开始就教育孩子不要输给别人。韩国的父母为了孩子不在外边受欺负会全力以赴，因此从事有权的职业的父母其孩子就受到欢迎，政治家、公务员、法官、检察官、律师等职业就是最受欢迎的职业。想要用这样的职业观实现工业化，几乎是不可能的。

退一步海阔天空

彼得·德鲁克教授在分析19世纪末英国落后于美国和德国的原因时认为英国的绅士制度是原因之一，即英国社会中产业技术员的地位并不高，技术员绝对不能成为绅士。英国人在印度建立最高水平的工业学校，却没有在本国建立，结果导致二战后英国沦落为二流国家。我们不仅应该借鉴他山之石，还要淡化我们的好胜之心。大家互相退一步来遥望现状就很容易找到解决问题的方法。

韩国社会的经济问题是因结构变化而引起的，其他发达国家以前也都经历过失业、传统市场的衰退、企业的透明度问题。如果有关各方用理性的态度来寻求解决方法而不是相互斗争不休，那么解决问题并不是很难的。

正确使用“改革处方”

国家是一个巨大的有机体，它也会“生老病死”。有些国家在存在期间出现繁荣，而有些国家却没有。少数的几个国家属于前者，而大部分国家在历史上都没有留下完整的记录。现在的国家中有些国家富强，而有些国家因经济困难正处于水深火热中。韩国也是属于重病国家。

过分强调缺点会导致反作用

社会病入膏肓是要医治的。有些国家，比如阿根廷，因开出错误的处方而处于水深火热中一直没有从困境中摆脱出来，反之英国却因有撒切尔夫人这样的首相而治愈了英国的病症。治疗最重要的是正确的诊断和处方。但是再怎么正确的诊断和好的处方，要是患者没有要医治的想法，那么治愈的成功率就不高。反之，即使诊断稍微出现差错，处方也不是很好，只要患者相信医生，抱有希望，就可以治好。现代医学称这种根据患者的心理状态而引起的治疗效果为 Placebo effect（安慰剂效应）或 Nocebo effect（反安慰剂效应）。

医学上做过实验：把乳糖、淀粉、牛奶、蒸馏水、盐水等非活性物质说成是药让患者服用，结果起到了很好的效果。这种让患者安心取得治疗效果的就是安慰剂效应。有报道称，这种安慰剂的效应占整体治疗效果的 30%以上。这个数据显示，不能在治疗中忽视安慰剂效应。但是治疗“韩国病”更需要“反安慰剂效应”。比如在实验室给实验者吃了无害的东西后告诉他会引起呕吐，而实验者中会有人产生呕吐的反应，这就是“反安慰剂效应”。简单地说就是认为疼了，就会感到疼。韩国社会正是由于这样“人为的疼痛”而加重了病情。

上述情况可以从对韩国社会的诊断中得到证明。国外对韩国的经济状况并没有那么悲观，政府也是这样认为的，可是有些国内媒体和几个经济专家提到危机论，当然防患于未然不是坏事，但是这种危机论可能会导致社会萎缩。消费者指数下降会导致消费者继续减少，还有持续高涨的物价、股票市场崩溃和腐败的战争等极端的用语会让我们社会变得更加阴郁。如果冷静考虑就可以发现我们社会的病是因结构变化而引起的阵痛，在最佳时机进行治疗可以转祸为福，关键的是要使用正确的处方。

对社会诊断并开处方的是执政者，之前执政者的处方主要是以改革为主。改革是变化制度和机构，但那些执政者的改革仅是在原来的体制协调中寻求有限的变化。

要警惕“反安慰剂效应”

既得利益者认为变化制度和机构的改革会带来对现有社会制度和政治体制的革命，他们为此感到不安，因此会出现改革疲劳。这种疲劳持续下去的话，既得利益的维护者会感到挫折，因此会导致消费和投资的萎缩。有些人提出的富裕税改革也让既得利益的维护者感到不安，不管此意图多好，但是语言所带来的论调让人觉得不满，其实可以使用更温和的语言表达这种意图，做到既不刺激富人又能达成目标。我们是具有活力的民族，活力使我们不会生病，因此我们要更加警惕“反安慰剂效应”在社会中蔓延。

期待创新企业家出现

培育、尊重创新企业家，并且保证创新企业家的利润，这才是目前步入歧路的韩国经济要选择的方向。

韩国经济正处于困难时期，这是大家公认的事实。虽然不久前政府和几个海外的专业预测机构对韩国的经济前景持乐观态度，但现在不一样了，最近美林证券出的报告中指出韩国的经济正处于30年以来外汇危机之后的最脆弱时期。

不断创新产业结构

《英国金融时报》亚洲版编辑戴维·皮林评价韩国经济时说，因为前景黯淡，韩国经济看起来已经瘫痪。韩国国内的民间研究机构也为韩国经济的长期萧条而忧虑。这些都说明韩国经济和日本一样已经进入长期的停滞不前的状态中。加上油价不稳，韩国经济确实处于四面楚歌之中。

诊断当前的韩国经济，可以归结为两点：一是消费心理的萎缩，二是市场经济在后退。政治圈围绕扩大财政投入还是减免税收政策的问题争论不休，然而这些争议只是方法论上的不同意见而已，好多学者和领导层公开批评这种理念，他们认为这种理念就是经济停滞的主要因素。因此他们提出缓解对企业的限制，并对工会采取严格的执法。但是这样的刺激消费政策和缓解企业限制也只是权宜之计，而不是根本之策。因为这些方法都是以静态循环经济为前提的。

静态的循环经济认为市场希望保持均衡，外部力量不介入的话市场是不会有变化的。在这种经济下市场不可能发生新的变化。每个时期都有等量的商品被生产、被消费，惯性就是主宰这种经济的力量。因此静态的循环经济中消费者就成为了引导市场的主体，生产者只不过是适应消费者需要的被动存在。只有在这样的环境下刺激消费和缓解企业限制才能成为解决经济的办法，但经济是动态发展的，不可能长期静态循环。

Schumpeter 指出，所谓动态发展就是不断打破已有的体制，制造出新结构的产业突变过程，这种动态发展不是靠外因而靠内因实现自我转型的。如果不能实现这种动态发展，那么经济将陷入滞后的泥泞中不能自拔。中南美国家就是活生生的例子。邻国日本的经济长期停滞也是因为没有好好引导动态发展。那么带来动态发展的因素是什么呢？Schumpeter 认为是创新（innovation）。他把创新解释为把旧的资源用新的方式组合起来创造出物美价廉的商品的过程，并且把主导这种创新的企业家称为“创新企业家”。

尊重企业追求利益

静态经济由消费者主导，动态经济则由创新企业家引导。以前韩国经济是由政府发挥创新企业家的作用来实现短时间内的产业化，但是现在不能再期待政府的企业家职能了，韩国现在应该让企业作为创新的主体。政府应该提供这样的平台，形成尊重并保障创新企业家利润的社会氛围。如果做到这一点，解决韩国经济问题也没什么太大的困难。

“企业国家”的出现

“成功的计划不是一时的流行，而是按照趋势而制订的”，这句话就是营销专家艾·里斯和杰克·特劳特在他们的著作《22 条商规》中提出的“领先定律”。这个定律对目前韩国所面临的改革时代有很多启示。

流行和趋势往往区分得不是那么明确，营销专家萨姆·希尔把流行定义为“根据大众的动向而引起的短期趋势”。一时的流行就像海浪，显而易见却容易退去，而趋势则像海流，不显眼但绵延不绝。偶尔有些企业会错把流行当作趋势来准备，最终往往会因过度投资而招致失败。

以流行为基础的改革是失败的改革

如果一个社会的改革也是以流行为基础而推进，失败的可能性就比较大。那么韩国的改革根据是什么，有必要深思熟虑。

德国驻韩大使曾经讲过，与德国是和周边国家及北美国家保持密切的关系不同，韩国总是处于自我孤立的境地。这句话可以理解为韩国正逆国际潮流而动。大使指出韩国社会的最大问题就是政府的政策没有方向，可以理解为韩国政府不太能看清社会的发展趋势。美国摩根士丹利公司对韩国经济的指责更加犀利，特别指出韩国经济的停滞及通货膨胀持续的可能性，并且对政府的经济恢复政策表示怀疑。美国麦肯锡公司把韩国经济目前面临的问题归纳为五种：出口地区清单偏重、中国崛起而导致的危机、非生产性劳资关系、境外投资一蹶不振、社会老龄化危机。这些指责都表明韩国经济对之前的经济流向并没有正确地把握。换言之，改革并没有看到趋势而只是流于形式，从而没有达到预期效果。那么改革要想成功，应该随从什么趋势呢？

现在韩国社会大部分的矛盾来自决策者对不同趋势的认识。因此改革要成功，首先决策者们对趋势必须有共同的认识。下面提示韩国社会要注意的几个趋势。

“绅士风度”与竞争力

第一，企业国家的出现。Sam Hill 认为以前的跨国企业如今已演变为企业国家。从 GDP 和销售额来看，美国通用汽车公司比挪威高，福特公司比沙特阿拉伯高，日本三井公司比爱尔兰和新西兰加起来的还要高。现在全世界三分之一的贸易是企业之间的交易，这说明现在的市场是大企业构建的。但是韩国对大企业一直是持否定态度的。

第二，各种新技术的出现。今天新技术的出现并不局限于特定的领域。以前靠选择和集中开发特定技术来维持国家竞争力的时代已经过去了，但是韩国技术投资的核心战略还是依靠选择和集中。

第三，随着全球化的发展，绅士风度作为主要的竞争力闪亮登场。当今社会如果没有国际风度就会无法生存于世界市场上。那么韩国社会的风度如何呢？提高基本礼貌是教育面临的急迫问题。引导社会发展的趋势并不是巨大的，如果大家不执着于流行而都能看得懂趋势，改革才能成功。

继续做好经济预测

经济的不确定性并不是只存在于韩国，也不能说现在的不确定性比任何时候都更为显著。但是据说有一家国策研究机构以经济社会的不确定性的增加为由决定不再发布每个季度的经济展望报告书。如果这是事实，那么值得我们深思。

现在我们生活在信息的潮流中，所有的主体不停地处理或者获取庞大的信息来寻求利益最大化。这种努力恰恰证明当今的不确定性。因此，今天的经济主体应该在慎重考虑这些不确定的因素后做出决策。

减少经济主体的不确定性

有关不确定性，大家的关注点集中在那些影响经济决策的要素上。一般认为不确定性会对经济主体产生不利的影响，因此经济主体应致力于减少或消除这种不确定性。经济展望就是这种努力的产物。

经济展望即对经济增长率的展望。经济增长率是一定时期内国民经济规模的变化比率。这样的变化一般通过GDP来反映。所有的国家都会公示GDP的期望值，以便让经济主体尽量减少或消除其他经济要素的不确定性。

展望即预测。预测就是以已知事实和经验为基础，带着合理的客观性，推测未知的事项。这里的未知事项指的是未来的、还没有被认知的事项。对这种事项进行引导陈述就是推测。若要推测的对象是经济增长率等未知的事项，这种推测行为就是经济展望。

推测依靠已知的事实和经验，推测者具有合理的直观性才能提高准确性。过去信息量并不多的时代已知的事实和经验并没有什么问题，因为以前的社会经济体制的指导原理下存在着给人确信的哲学，因此合理的直观性比较容易把握。但是现在社会信息泛滥，就像美国经济学家约翰·贝茨·克拉克指出的，现在能让人深信不疑的哲学消失，推测未知的未来经济事项就变得越来越困难，因此像经济期待值这样利用价值高的信息反而会导致不确定的概率增大，但是经济展望的重要性并不会因此而降低。

经济展望之所以重要是因为发生的经济事项的结果对现在经济主体的决定起着非常重要的作用。比如企业会根据经济期望值推测未来的需要，以此来决定投资规模。政府如果不预测消费动向就不可能确定财政支出规模。家庭开支在决定消费规模时最先参考的也是经济期望值。重要的是，经济展望的必要性比任何时候都显得迫切。

在今天的全球化时代，国家间的竞争越来越激烈，新技术的出现也带来世界经济结构的快速转变，这种变化也表明未来的不确定性变得更大。但是这样的不确定性可以通过经济展望来减少。从结论上来讲，经济展望并不会因为困难就能被忽略，如果放弃经济展望那就意味着屈服于政治上的机会主义。

口号性经济目标的局限性

一年又将过去，感谢这一年平安度过，也期待新的一年会更好。可是不知从什么时候开始，这样的新年贺词变得不那么美好了，就今年一年来看，因经济问题而离婚的夫妇增加、就业率下降、想做清洁工也没有那么容易，还有对明年的期待也不明朗，大多数的机构预测新年的经济增长率会下降至4%以下。

60年代因具体政策而成长

现在的经济形势是，内需疲软，出口增加趋势弱化，建设经济停滞，物价不稳，利率上升，汇率下跌，还有因增长势头缓慢而导致的长期停滞的可能性。政府或许对这个问题有另外见解，但国民并不倾听政府的意见，反而对政府更加不信任。为什么会发生这种情况？如何消除这种不信任，如何搞活经济呢？答案是多样的，我们可以从政府经济政策目标的变化中找出答案来。

回想一下，推进五年经济开发的1960～1980年韩国经济高速发展，当时大多数国民对政府很信赖，能实现经济的高速发展，政府具体的经济政策目标功不可没。那时候政府提出的口号不仅不是抽象的，而且还对经济增长、出口、国民所得等提出了具体的目标，政府政策的实施也有条不紊。而到了20世纪90年代，政府的这些目标都变成了空洞乏味的口号，即20世纪90年代以后的政府的性质定位为文民政府、国民政府、参与政府。这些只是政治口号，对国民经济并没有太大的影响。政府的经济政策目标也没能超出口号的范畴。主要代表事例就是“文民政府”时期推进的“我们经济的世界化”。世界化要量化并不容易，因此在推进过程中也发生了不少混乱，之后的“国民政府”也没能摆脱这种状况。国民政府执政时提出了100个国政课题，这100个课题大部分都是经济政策目标。

呼吁国民情绪论难成功

提出的这些课题包括：大企业的招商引资、构建稳定物价机制、完善产业体系、扩大成长潜力、经济正义的实现等，却都是无法量化的抽象口号。2002 年的“参与政府”也提出了 12 大国政方案，其中经济课题包括：确立自由公正的市场秩序、建设东北亚经济中心国家、构建以科技为中心的国家、开拓未来的农渔村建设等 4 大课题。和以前的政府不同的是，它提出具体的推进体系，但是对经济发展成果仍然没有量化，结果国民对政府的经济目标认知度不高，这表明将经济政策目标作为口号是行不通的。

口号是用于煽动大众行为的标语，因此它更能影响情绪。政治可以用口号，但是支配我们生活的经济不能用口号。现在已经到了放下有关经济口号，提出国民容易理解、可评价的、可以量化的国家经济政策目标的时候。空喊口号是不能发展经济的。

图书在版编目(CIP)数据

21 世纪韩国海洋强国展望 / (韩)姜淙熙著;李承子等译. —上海: 上海译文出版社,2015.12
(海洋经济文献译丛)
ISBN 978-7-5327-6824-0

Ⅰ.①2… Ⅱ.①姜… ②李… Ⅲ.①海洋战略—研究—韩国—21 世纪 Ⅳ.①P74

中国版本图书馆 CIP 数据核字(2014)第 276837 号

本书由国家出版基金资助出版

21 世纪韩国海洋强国展望
[韩] 姜淙熙 著 李承子 林 瑛 黄林花 金桂花 译

上海世纪出版股份有限公司
译文出版社出版
网址: www.yiwen.com.cn
上海世纪出版股份有限公司发行中心发行
200001 上海福建中路 193 号 www.ewen.co
上海文艺大一印刷有限公司印刷

开本 890×1240 1/32 印张 6.25 插页 5 字数 127,000
2015 年 12 月第 1 版 2015 年 12 月第 1 次印刷

ISBN 978-7-5327-6824-0/S·001
定价: 42.00 元